工程制图

主 编 刘 清
副主编 聂晶晶 黄 文

华中科技大学出版社
中国·武汉

内 容 简 介

本书按照教育部高等学校工程图学课程教学指导委员会 2015 年制订的《普通高等院校工程图学课程教学基本要求》及最新发布的制图相关国家标准,以培养应用型本科人才为出发点,以"识图为主,读画结合"为思路编写而成。本书采用模块化、项目式的课程结构,共分四大模块:制图基本知识、投影作图、机件的表达方法、图样的识读与绘制。

本书可作为普通高等院校 48～64 学时近机类、非机类各专业制图课程的教材和机械类机械基础系列课程中机械制图课程的教材,亦可作为职工业余大学、继续教育学院等的制图课程的教材,以及相关领域的培训教材。

图书在版编目(CIP)数据

工程制图/刘清主编. —武汉:华中科技大学出版社,2019.8(2024.7 重印)
高等院校应用型本科智能制造领域"十三五"规划教材
ISBN 978-7-5680-5507-9

Ⅰ.①工… Ⅱ.①刘… Ⅲ.①工程制图-高等学校-教材 Ⅳ.①TB23

中国版本图书馆 CIP 数据核字(2019)第 187246 号

工程制图   刘　清　主编
Gongcheng Zhitu

策划编辑:余伯仲
责任编辑:罗　雪
封面设计:原色设计
责任监印:周治超
出版发行:华中科技大学出版社(中国·武汉)   电话:(027)81321913
　　　　　武汉市东湖新技术开发区华工科技园   邮编:430223
录　　排:武汉三月禾文化传播有限公司
印　　刷:武汉邮科印务有限公司
开　　本:787mm×1092mm　1/16
印　　张:15.25
字　　数:389 千字
版　　次:2024 年 7 月第 1 版第 2 次印刷
定　　价:39.80 元

前　　言

为了适应市场对应用型本科人才的素质要求,本书根据教育部高等学校工程图学课程教学指导委员会 2015 年制订的《普通高等院校工程图学课程教学基本要求》及最新发布的制图相关国家标准编写而成。

本书经过长时间的酝酿,总结了教学一线教师在工程制图教学中长期积累的丰富经验,以及近年来教学研究、学科竞赛及改革的成果,同时汲取兄弟院校同类教材的优点,知识系统,强化应用,文字简练,通俗易懂,力求满足二十一世纪人才培养目标对工程图学的新要求。

本书编写模式新颖、结构独特,将需要掌握的知识点进行了分解,按模块、项目、课题的层次编写。全书分为四大模块,包括制图的基本规定、制图的基本技能、正投影与三视图、立体表面几何元素的投影、立体的投影、组合体、轴测图、机件的基本表达方法、机件的特殊表达方法、零件图、装配图等内容。为便于教师组织教学和学生自学,在每个项目开头都有"任务描述""知识目标"及"能力目标",循序渐进,使学生掌握完整的工程图学基本理论和机械制图的基础知识。

在内容的组织上,本书将二维图形与三维实体相结合,从绘图和读图两个方面,着重培养学生的空间思维能力。我们将教学过程中总结出的实例融入书中,使书中的图例尽可能地反映现代产品设计制造过程,为学生后续课程的学习奠定良好的基础。

本书由武汉商学院"工程制图"课程负责人和骨干教师共同编写。刘清编写项目三至项目五、项目九、项目十,聂晶晶编写项目六、项目八、项目十一,黄文编写项目一、项目二、项目七。刘清同时负责全书的统稿工作。

我们在编写过程中参考了一些同行所编写的书籍和资料,在此一并表示衷心的感谢!

由于时间仓促,编者水平有限,书中疏漏在所难免,恳请使用本书的师生和有关人士批评指正。

编　者
2019 年 5 月 17 日

目　　录

模块一　制图基本知识

图样是工程机械和现代工业生产的重要技术文件,是人们表达设计思想、进行技术交流、组织生产的重要工具之一,是国际上通用的工程语言。掌握制图的基本知识与技能,是培养识图与绘图能力的基础。本模块重点介绍国家标准《机械制图》《技术制图》的有关规定、绘图工具的正确使用方法及平面图形的绘图方法。

项目一　制图的基本规定

任务描述

图样是现代工业重要的技术资料,具有严格的规范性。本项目主要介绍国家标准关于图纸幅面和格式、比例、字体、图线和尺寸标注等制图的基本规定。

 知识目标

(1)掌握国家标准中图纸幅面、比例、字体、图线等制图有关规定;
(2)掌握尺寸注法的基本规定。

 能力目标

(1)养成严格遵守国家标准的习惯,正确使用工具和仪器;
(2)培养认真负责的工作态度和严谨细致的工作作风。

课题一　常用的制图国家标准

工程图样是按规定的方法表达出物品或机器设备的形状、大小和技术要求的文件资料,是表达和交流技术思想的重要工具。在工程设计和制造中,表达设计思想、生产意图,进行技术交流都离不开工程图样,因此工程图样被称为工程界的技术语言。为了使工程图样达到基本统一,便于生产和技术交流,绘制工程图样必须遵守统一的规定,使图面简洁、简明,符合设计、施工、存档的要求(见图1-1),这就产生了国家标准,如《技术制图》和《机械制图》。

美术画与工程图样的区别		
	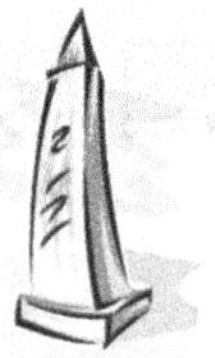 美术画	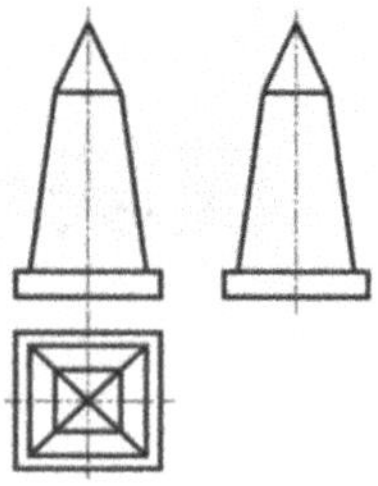 工程图样
想象力	允许自由想象	准确表达客观存在
绘图技巧	多为徒手绘图 技巧性强 难以掌握	使用绘图工具绘制 (尺规、计算机)
审美	在作品中体现美	干净、整洁、布局合理
看图	直观性强	需掌握读图能力

图 1-1 美术画与工程图样的区别

国家标准简称国标,代号为 GB,国家标准分为强制性标准和推荐性标准,其中在 GB 后面加 T 为推荐性的国家标准,如 GB/T,在其后有两组数字,它们分别表示标准的顺序编号和标准颁布的年份。

本课题摘录了我国自工程图样实行国家标准以来经过多次修订后对图纸幅画、图线、字体、比例等的最新的有关规定。

一、图纸幅面和标题栏

1. 图纸幅面

图纸幅面是指图纸本身的大小规格。无论图纸是否装订,都应画出图框,在图框范围内绘制图样。制图标准规定,绘图时,所有图纸幅面和图框尺寸应符合表 1-1 中的规定。

表 1-1 图纸幅面及图框尺寸 （单位:mm)

图纸幅面代号 图框尺寸代号	A0	A1	A2	A3	A4
$b \times l$	841×1189	594×841	420×594	297×420	210×297
c	10			5	
a	25				

图纸幅面有两种形式。一种是横式幅面,即以短边作为图纸的竖直边(见图1-2(a)),一般 A0～A3 图纸宜用横式幅面。另一种是立式幅面,即以短边作为图纸的水平边(见图1-2(b)(c))。必要时,可按规定加长图纸尺寸。

2. 标题栏及会签栏

每张图都必须画出标题栏(简称图标)和会签栏。标题栏位置在图纸右下角,与图框线相接。它是用来填写设计单位名称、工程名称、图名、图号等内容的,如图 1-3(a)所示。

会签栏是供各工种设计负责人签署专业、姓名、日期用的表格(见图 1-3(b)),应画在图纸左侧上方的图框线外。

标题栏内的项目,格式应根据实际工程需要制订。学校学生作业中使用的标题栏,建议采用图 1-4 所示的格式。图中尺寸单位为 mm;标题栏内的字体,图名用 10 号字,校名用 7 号字,其余均用 5 号字(见字体部分);图框线和标题栏的外框线用粗实线,标题栏内分格线用细实线(见图线部分)。

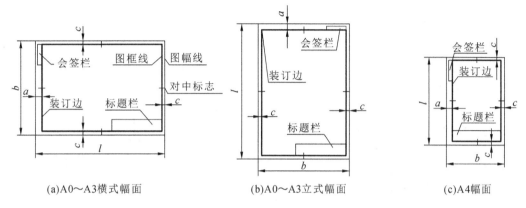

(a)A0~A3横式幅面　　　　　　(b)A0~A3立式幅面　　　　　　(c)A4幅面

图 1-2　图幅格式

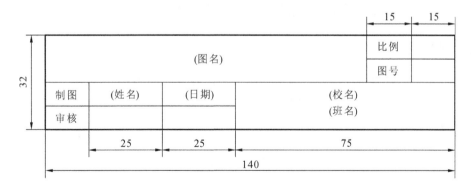

(a)标题栏　　　　　　　　　　　　　　　　(b)会签栏

图 1-3　标题栏与会签栏

		15	15
(图名)		比例	
		图号	
制图	(姓名)	(日期)	(校名)
审核			(班名)

25	25	75

140

32

图 1-4　学生作业用标题栏

二、比例

图样的比例是图中图形与其实物相应要素的线性尺寸之比。

比值为 1 的比例,即 1∶1,称为原值比例,是常用的比例。根据机件大小和复杂程度可放大或缩小比例,比值大于 1 的比例称为放大比例,比值小于 1 的比例称为缩小比例。表

1-2所示为优先选用的比例。

表 1-2　比例

种类	比例		
原值比例	1 : 1		
放大比例	5 : 1 $5 \times 10^n : 1$	2 : 1 $2 \times 10^n : 1$	10 : 1 $1 \times 10^n : 1$
缩小比例	1 : 2 $1 : 2 \times 10^n$	1 : 5 $1 : 5 \times 10^n$	1 : 10 $1 : 1 \times 10^n$

注:n 为正整数。

不论采用何种比例,图中标注的尺寸数值必须是机件的实际尺寸,与图样的准确程度、比例大小无关,如图 1-5 所示。

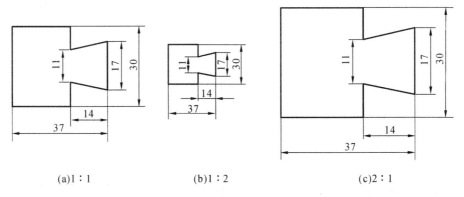

(a)1 : 1　　　　　　　(b)1 : 2　　　　　　　(c)2 : 1

图 1-5　图形比例与尺寸数值

比例符号以"："表示。比例的表示方法如 1 : 1、1 : 500、20 : 1 等。

比例一般应标注在标题栏中的比例栏内。必要时,可在视图名称的下方或右方标注比例,如:$\dfrac{I}{2 : 1}$、$\dfrac{A}{1 : 100}$、$\dfrac{B-B}{2.5 : 1}$、$\dfrac{墙板位置图}{1 : 200}$、平面图 1 : 100。

三、图线

画在图纸上的线条统称图线。为了使图上的内容有立体感,主次分明、清晰易读,在绘制工程图样时,采用不同线型和不同粗细的图线来表示不同的意义和用途。

1. 线型

工程制图中的图线线型、线宽及用途如表 1-3 所示。

表 1-3　图线

名称		线型	线宽	用途
实线	粗	——————	b	主要可见轮廓线
	中粗	——————	$0.7b$	可见轮廓线
	中	——————	$0.5b$	可见轮廓线、尺寸线、变更云线
	细	——————	$0.25b$	图例填充线、家具线

续表

名称		线型	线宽	用途
虚线	粗		b	见各有关专业制图标准
	中粗		0.7b	不可见轮廓线
	中		0.5b	不可见轮廓线、图例线
	细		0.25b	图例填充线、家具线
单点画线	粗		b	见各有关专业制图标准
	中		0.5b	见各有关专业制图标准
	细		0.25b	中心线、对称线、轴线等
双点画线	粗		b	见各有关专业制图标准
	中		0.5b	见各有关专业制图标准
	细		0.25b	假想轮廓线、成形前原始轮廓线
折断线	细		0.25b	断开界线
波浪线	细		0.25b	断开界线

2. 线宽

国家标准对图线宽度 b 的规定如表1-4所示。在绘图时应根据图样的复杂程度与比例关系,先选定基本线宽 b,再选用表1-4中所示的线宽组。

表1-4　线宽组　　　　　　　　　　　　（单位:mm）

线宽比	线宽组			
b	1.4	1.0	0.7	0.5
0.7b	1.0	0.7	0.5	0.35
0.5b	0.7	0.5	0.35	0.25
0.25b	0.35	0.25	0.18	0.13

3. 图线画法

图线线型和线宽确定后,在绘图过程中应注意以下几点:

(1) 相互平行的图线,其间隙不宜小于其中的粗线宽度,且不小于 0.7 mm。

(2) 虚线、单点画线或双点画线的线段长度和间隔,宜各自相等。

(3) 单点画线或双点画线,在较小图形中绘制有困难时,可用实线代替。

(4) 单点画线或双点画线的两端,不应是点。点画线交接处或点画线与其他图线交接时,应是线段交接,如图1-6所示。

(5) 虚线与虚线交接或虚线与其他图线交接时,应是线段交接。虚线为实线的延长线时,不得与实线连接,如图1-6所示。

(6) 图线与汉字、数字或符号重叠时,应首先保证汉字、数字或符号清晰。

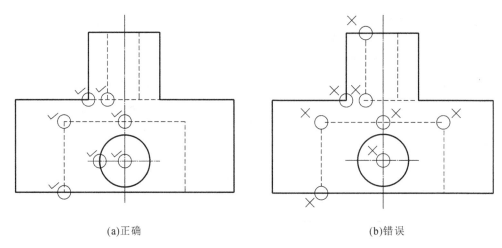

(a)正确　　　　　　　　　　　　　　(b)错误

图 1-6　各种线型交接画法

四、字体

图纸上所需书写的汉字、数字、符号等,均应笔画清晰,书写端正,排列整齐,标点符号应清楚明确。

1. 汉字

图样及说明中的汉字采用国家公布的简化汉字,并采用长仿宋体。汉字的字高(即字号)应从以下系列中选用:3.5 mm、5 mm、7 mm、10 mm、14 mm、20 mm。汉字的宽度和高度的关系,应符合表 1-5 所示的规定。大标题、图册封面、地形图等图样的汉字,也可书写成其他字体,但应易于辨认。

表 1-5　长仿宋体汉字的高宽关系　　　　　　　　　　(单位:mm)

字高	20	14	10	7	5	3.5
字宽	14	10	7	5	3.5	2.5

写好长仿宋体汉字的基本要领为横平竖直、起落分明、结构匀称、填满方格,如图 1-7 所示。长仿宋体汉字和其他汉字一样,都是由点、横、竖、撇、捺、挑、折、钩 8 种笔画组成。在书写时,要先掌握基本笔画的特点,注意起笔和落笔要有棱角,使笔画形成尖端,字体的结构布局、笔画之间的间隔应均匀相称,偏旁、部首比例应适当。要写好长仿宋体汉字,正确的方法是按字体大小,先用铅笔淡淡地打好字格,多描摹和临摹,多看、多写,持之以恒,自然熟能生巧。

10号字

字体工整笔画清楚间隔均匀排列整齐

7号字

横平竖直注意起落分明结构匀称填满方格

5号字

技术制图机械电子汽车航空船舶土木建筑矿山井坑港口纺织服装

图 1-7　长仿宋体汉字示例

2.字母和数字

图样中的字母、阿拉伯数字与罗马数字可按需要写成直体字或斜体字,斜体字斜度应是从字的底线逆时针向上倾斜 75°,小写字母的大小约为大写字母的 7/10。字母和数字如图 1-8 所示。

图 1-8　字母与数字示例

五、符号(＊以下内容根据专业选学)

1.剖切符号

(1)剖视的剖切符号应符合下列规定:

① 剖视的剖切符号应由剖切位置线及投射方向线组成,均应以粗实线绘制。剖切位置线的长度宜为 6～10 mm;投射方向线应垂直于剖切位置线,长度应短于剖切位置线,宜为 4～6 mm。如图 1-9 所示,绘制时,剖视的剖切符号不应与其他图线相接触。

② 剖视的剖切符号的编号宜采用阿拉伯数字,按顺序由左至右、由下至上连续编排,并应注写在剖视方向线的端部。

③ 需要转折的剖切位置线,应在转角的外侧加注与该符号编号相同的编号。

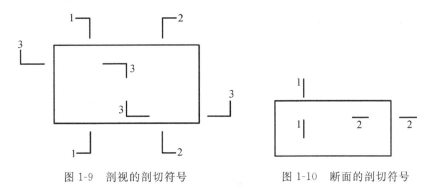

图 1-9　剖视的剖切符号　　　　　　　图 1-10　断面的剖切符号

(2)断面的剖切符号应符合下列规定:

① 断面的剖切符号只用剖切位置线表示,并应以粗实线绘制,长度宜为 6～10 mm。

② 断面的剖切符号的编号宜采用阿拉伯数字,按顺序连续编排,并应注写在剖切位置线的一侧,编号所在的一侧应为该断面的剖视方向,如图 1-10 所示。

当零件被剖切时,通常在图样中的断面轮廓线内,画出材料图例。

2. 索引符号与详图符号

图样中的某一局部或构件,如需另见详图,应以索引符号索引。如图 1-11(a)所示,索引符号是由直径为 10 mm 的圆及其水平直径组成的,圆及水平直径均应以细实线绘制。索引符号应符合下列规定:

(1) 索引出的详图,如与被索引的详图同在一张图纸内,应在索引符号的上半圆中用阿拉伯数字注明索引出的详图的编号,并在下半圆中画一段水平细实线,如图 1-11(b)所示。

(2) 索引出的详图,如与被索引的详图不在同一张图纸内,应在索引符号的上半圆中用阿拉伯数字注明索引出的详图的编号,在索引符号的下半圆中用阿拉伯数字注明被索引的详图所在图纸的编号,如图 1-11(c)所示。数字较多时,可加文字标注。

(3) 索引出的详图,如采用标准图,应在索引符号水平直径的延长线上加注该标准图册的编号,如图 1-11(d)所示。

(a)索引符号的组成　(b)索引图在同一张图纸内　(c)索引图不在同一张图纸内　(d)索引图在标准图上

图 1-11　索引符号

3. 对称符号

对称图形绘图时可只画对称图形的一半,并用细实线和点画线画出对称符号,如图 1-12 所示。对称符号中平行线的长度宜为 6~10 mm,间距为 2~3 mm,对称线垂直平分两对平行线,两端超出平行线 2~3 mm。

4. 指北针

指北针的形状如图 1-13 所示,圆的直径为 24 mm,用细实线绘制,指北针尾部宽度为 3 mm,指北针头部应注明"北"或"N"字样。

5. 风玫瑰图

风玫瑰图是根据某一地区多年统计的各方向平均吹风次数的百分数值,按一定比例绘制而成的,一般用 8~16 个方位表示,如图 1-14 所示。在风玫瑰图中,风的吹向是从外向内(中心),实线表示全年风向频率,虚线表示夏季风向频率。

图 1-12　对称符号　　　　图 1-13　指北针　　　　图 1-14　风玫瑰图

六、定位轴线(* 以下内容根据专业选学)

为了便于施工时定位放线,以及查阅图纸中相关的内容,在绘制工程图样时通常将墙、柱等承重构件的中心线作为定位轴线。工程制图中,定位轴线应用细点画线绘制并编号,编号应注写在轴线端部的圆内。圆应用细实线绘制,直径为 8～10 mm。

定位轴线是建筑施工图的重要内容。结构和构件的位置定位及其尺寸确定,都需要通过定位轴线来完成,施工放线更离不开定位轴线。因此定位轴线的作用是不容忽视的。

定位轴线的间距必须符合建筑模数以及模数协调的有关规定。一般情况下,定位轴线的间距应符合扩大模数 3M(1M＝100 mm)的模数数列。构配件的位置以及尺寸,就是通过它们与定位轴线间的关系来确定的。

定位轴线的画法如图 1-15 所示。

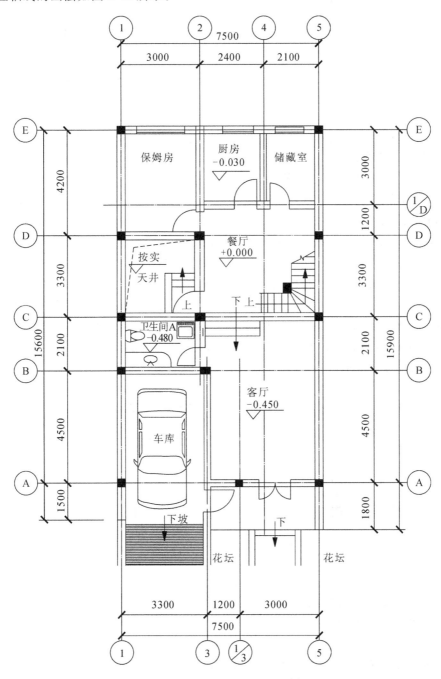

图 1-15 定位轴线的画法示例

普通的房间平面形状以矩形居多,房间在平面上沿着纵横两个方向展开,组合成一个建筑物。各种构配件也自然有纵横两个方向。比如,竖直承重构件的墙体有纵横两个方向;水平承重构件的梁板也是如此。这样,定位轴线所形成的网格也是矩形的,由纵向定位轴线和横向定位轴线所形成的网格称为轴网,如图 1-16 所示。

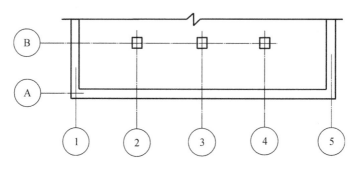

图 1-16　纵横定位轴线形成的轴网

纵向定位轴线间的距离称为建筑物的进深(也称为跨度);横向定位轴线间的距离称为建筑物的开间(也称为柱距)。

水平跨越构件(指楼板、梁等)的标志尺寸,通过纵横向定位轴线间的距离可以得到。比如,一间教室的轴线尺寸是 9900 mm×6600 mm,它是由 3 个 3300 mm 的开间组成的,进深为 6600 mm,那么这间教室在 3 个开间内所用楼板的标志长度都是 3300 mm,中间开间梁的标志长度是 6600 mm。我们说定位轴线间的距离应符合模数,也就是指房屋的开间(柱距)和进深(跨度)应符合模数,只有这样构件才能标准化,并最终实现建筑工业化。

横向定位轴线的编号用阿拉伯数字自左向右注写,纵向定位轴线的编号用大写拉丁字母自下向上注写,如图 1-16 所示,但 I、O、Z 三个字母不得使用,以免与阿拉伯数字 1、0、2 相混淆。附加轴线(一般指次要的定位轴线)可用分数的表示方法来编号:分母表示该轴线前一定位轴线的编号,分子表示该分轴线的编号,如图 1-17 所示。1 号轴线和 A 号轴线之前的附加轴线也用分数表示,它们的分母分别用 01、0A 表示。

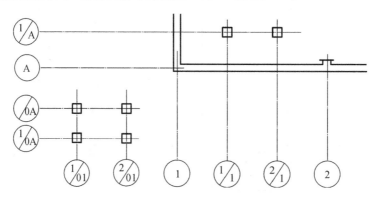

图 1-17　附加轴线的表示方法

当平面较复杂时,标注轴线也可以采用分区编号的形式。注写形式为"分区号—该区的轴线编号",如图 1-18 所示。

绘制详图时,有时同一个详图适用于多个地方,那么该详图所适用处的定位轴线就应同时注出。这样就出现了一条定位轴线多个编号的情况。详图定位轴线的注法如图 1-19 所示。也有些通用详图,由于适用的位置太多,定位轴线也可采取只画轴线圈而不注写编号的

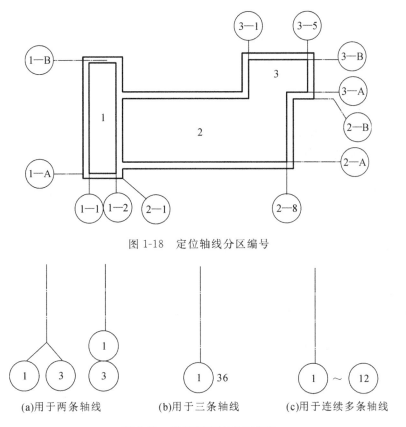

图 1-18　定位轴线分区编号

(a)用于两条轴线　　　　　(b)用于三条轴线　　　　　(c)用于连续多条轴线

图 1-19　详图定位轴线的编号

方法表示。

　　有的建筑物,由于本身造型较复杂、平面形状多变等,无法采用普通的矩形轴网,而只能采用其他形式的异形轴网。常见的异形轴网有弧形轴网、环形轴网、平行四边形轴网、三角形轴网、不规则轴网等(见图 1-20)。有的采用两种或两种以上的轴网组合在一起。总之,平面及造型越不规则、越复杂,定位轴线所形成的轴网也就越复杂。阅读建筑施工图时,只要真正理解定位轴线的含义,再复杂的轴网,再不规则的平面,也是不难识读的。

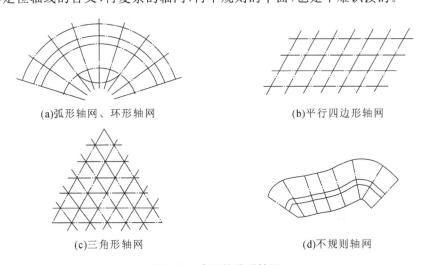

(a)弧形轴网、环形轴网　　　　　　　　(b)平行四边形轴网

(c)三角形轴网　　　　　　　　　　　(d)不规则轴网

图 1-20　常见的异形轴网

课题二 尺 寸 注 法

一、尺寸的组成

图样上的尺寸,应包括尺寸界线、尺寸线、尺寸起止符号和尺寸数字,如图 1-21 所示。尺寸标注是图样中的重要内容,也是制图工作中极为重要的一环,需要认真细致、一丝不苟。

1. 尺寸界线

尺寸界线应用细实线绘制,一般应与被注长度垂直,其一端应离开图样轮廓线不小于 2 mm,另一端宜超出尺寸线 2～3 mm。必要时,图样轮廓线可用作尺寸界线(见图 1-21(b))。

2. 尺寸线

尺寸线应用细实线绘制,应与被注长度平行,且不宜超出尺寸界线。任何图线均不得用作尺寸线。

3. 尺寸起止符号

尺寸起止符号有两种,分别是箭头(见图 1-21(a))和斜线(见图 1-21(b))。斜线倾斜方向应与尺寸界线成顺时针 45°角,长度宜为 2～3 mm。机械图样一般用箭头,土建图样一般用斜线。半径、直径、角度与弧长的尺寸起止符号,宜用箭头表示。一张图中应尽可能采用同一种方法。

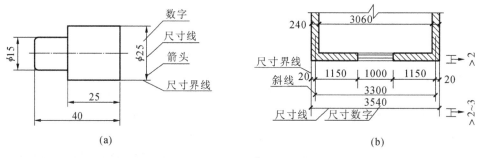

图 1-21 尺寸的组成

4. 尺寸数字

图样上的尺寸数字应以实际尺寸为准,不得从图上直接量取。图样上的尺寸单位,除标高及总平面尺寸以米(m)为单位外,其他必须以毫米(mm)为单位。尺寸数字的方向,一般按图 1-22(a)所示的形式注写。若尺寸数字在 30°斜线区内,也可按图 1-22(b)所示的形式注写。

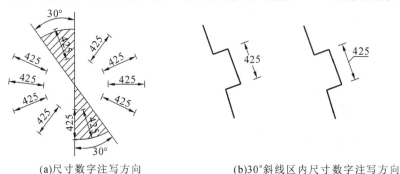

(a)尺寸数字注写方向   (b)30°斜线区内尺寸数字注写方向

图 1-22 尺寸数字的注写方向

尺寸数字一般应依据其方向注写在靠近尺寸线的上方中部。如果没有足够的注写位置，最外边的尺寸数字可注写在尺寸界线的外侧，中间相邻的尺寸数字可错开注写，如图1-23所示。

图 1-23　尺寸数字的注写位置

二、尺寸的排列和布置

建筑图中尺寸的排列和布置应注意以下几点：

（1）尺寸应标注在图样轮廓以外，不宜与图线、文字、符号等相交。必要时也可标注在图样轮廓线以内。

（2）互相平行的尺寸线应从被注图样轮廓线由里向外整齐排列，小尺寸在里，大尺寸在外。小尺寸距离图样轮廓线不小于 10 mm，平行排列的尺寸线间距为 7～10 mm。在建筑工程图纸上，通常由外向内标注三道尺寸，即总尺寸、轴线尺寸、分尺寸，如图 1-24 所示。

（3）总尺寸的尺寸界限应靠近所指部位，中间分尺寸的尺寸界限可稍短，但长度应相等。

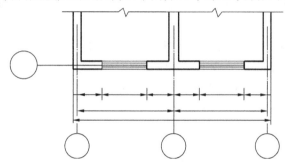

图 1-24　尺寸的排列和布置

三、半径、直径的尺寸注法

半径的尺寸线应一端从圆心开始，另一端画箭头指向圆弧。半径尺寸数字前应加注半径符号"R"，如图 1-25（a）所示。较小圆弧的半径，可按图 1-25（b）所示形式标注。较大圆弧的半径，可按图 1-25（c）所示形式标注。

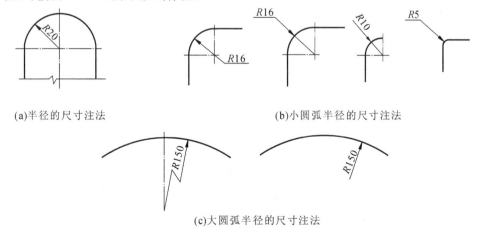

(a)半径的尺寸注法　　　　　　　　(b)小圆弧半径的尺寸注法

(c)大圆弧半径的尺寸注法

图 1-25　半径的尺寸注法

标注圆的直径时,直径尺寸数字前应加直径符号"ϕ"。在圆内标注的尺寸线应通过圆心,两端画箭头指至圆弧,如图 1-26 所示。

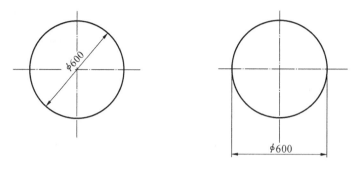

图 1-26　直径的尺寸注法

四、角度、弧长、弦长的尺寸注法

角度的尺寸线应以圆弧表示。该圆弧的圆心应是该角的顶点,角的两条边为尺寸界线。起止符号应以箭头表示,如没有足够位置画箭头,可用圆点代替,尺寸数字应按水平方向注写,如图 1-27(a)所示。

标注圆弧的弧长时,尺寸线应以与该圆弧同心的圆弧线表示,尺寸界线应垂直于该圆弧的弦,起止符号用箭头表示,尺寸数字左方应加注圆弧符号"⌒",如图 1-27(b)所示。

标注圆弧的弦长时,尺寸线应以平行于该弦的直线表示,尺寸界线应垂直于该弦,起止符号用中粗斜短线表示,如图 1-27(c)所示。

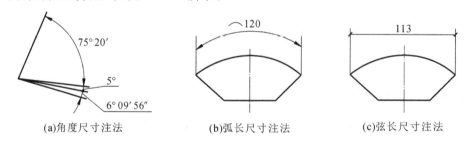

(a)角度尺寸法　　　　　　(b)弧长尺寸法　　　　　　(c)弦长尺寸法

图 1-27　角度、弧长、弦长的尺寸注法

五、坡度的尺寸注法

标注坡度时,在坡度尺寸数字下,应加注坡度符号"——▶",一般应指向下坡方向,如图 1-28所示。其注法可用百分数表示,如图 1-28(a)中的 2%;也可用比例表示,如图 1-28(b)中的1:2;还可用直角三角形的形式表示,如图 1-28(c)中的屋顶坡度。

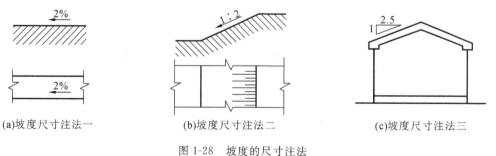

(a)坡度尺寸注法一　　　　(b)坡度尺寸注法二　　　　(c)坡度尺寸注法三

图 1-28　坡度的尺寸注法

六、标高

标高符号应以直角等腰三角形表示,如图 1-29(a)所示,用细实线绘制,如标注位置不够,也可按图 1-29(b)所示形式绘制。总平面图室外地坪标高为绝对标高,宜用涂黑的三角形表示,以青岛市的黄海平均海平面作为零基准点。

标高符号的尖端应指至被注高度的位置。尖端一般应向下,也可向上。标高尺寸数字应注写在标高符号的左侧或右侧,如图 1-29(c)所示。

标高尺寸数字应以米(m)为单位,注写到小数点以后第 3 位。在总平面图中,可注写到小数点以后第 2 位。零点标高应注写成±0.000,正数标高不注"+",负数标高应注"-",例如 3.000、-0.600。

(a)标高符号   (b)标高尺寸注法一   (c)标高尺寸注法二

图 1-29 标高尺寸注法

七、简化画法

为了节省绘图时间或由于绘图位置不够,根据《房屋建筑制图统一标准》(GB/T 50001—2017)规定,在必要时允许采用下列简化画法。

1. 对称图形的简化画法

构配件的对称图形,可以对称中心线为界,只画出该图形的一半,并画上对称符号,如图 1-30(a)所示。如果图形不仅左右对称,而且上下也对称,还可进一步简化,只画出该图形的 1/4,如图 1-30(b)所示。对称图形也可稍超出对称线,此时可不画对称符号,而在超出对称线部分画上折断线,如图 1-30(c)所示。

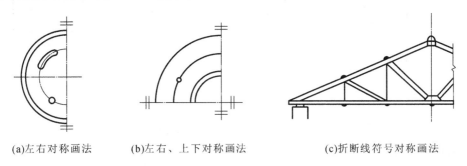

(a)左右对称画法   (b)左右、上下对称画法   (c)折断线符号对称画法

图 1-30 对称图形的简化画法一

对称的形体需画剖面图或断面图时,也可以对称符号为界,一半画外形图,一半画剖面图或断面图,如图 1-31 所示。

2. 相同构造要素的简化画法

建筑物或构配件的图样中,如果有多个完全相同且连续排列的构造要素,可以仅在两端或适当位置画出其完整形状,其余部分以中心线或中心线交点确定它们的位置即可,如图 1-32(a)所示。如相同构造要素少于中心线交点数,则应在相同构造要素位置的中心线交点处用小圆点表示,如图 1-32(b)所示。

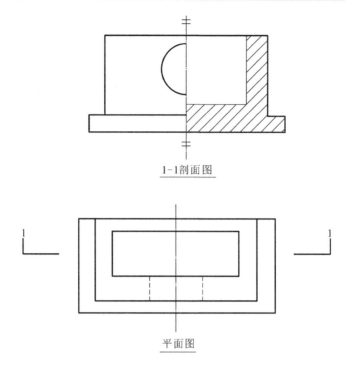

1-1剖面图

平面图

图 1-31　对称图形的简化画法二

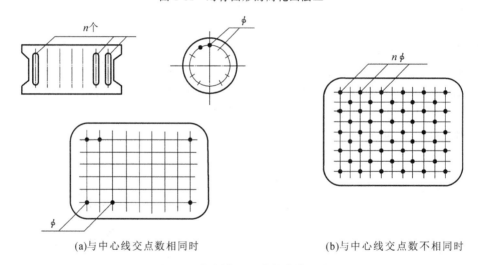

(a)与中心线交点数相同时　　　　　　　　(b)与中心线交点数不相同时

图 1-32　相同构造要素的简化画法

3. 较长构件的简化画法

较长的构件,如沿长度方向的形状相同或按一定规律变化,可断开省略绘制,断开处应以折断线表示,如图 1-33 所示。应注意:当在用折断省略画法所画出的图样上标注尺寸时,其长度尺寸数值应为构件的全长。

4. 构件的分部画法

绘制同一个构件,如绘制位置不够,可分成几个部分绘制,并应以连接符号表示相连。连接符号用折断线表示需连接的部位,并在折断线两端靠图样一侧用大写拉丁字母表示连接编号。两个被连接的图样,必须用相同字母编号,如图 1-34 所示。

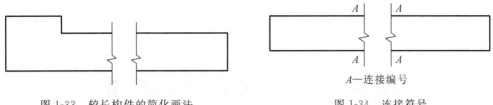

图 1-33 较长构件的简化画法　　　　　　　图 1-34 连接符号

5.构件局部不同的简化画法

当两个构配件仅部分不相同时,可在完整地画出一个后,另一个只画不相同部分,但应在两个构配件的相同部分与不同部分的分界处,分别绘制连接符号。两个连接符号应对准,在同一直线上,如图 1-35 所示。

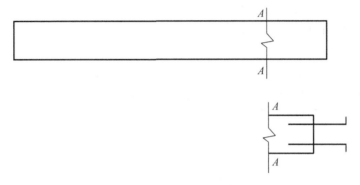

图 1-35 构件局部不同的简化画法

项目二　制图的基本技能

任务描述

通过对制图基本技能的学习,掌握基本的绘图方法和技巧。本项目主要介绍尺规绘图工具及其使用方法、几何作图和徒手绘图。

知识目标

(1) 认识几种常用的绘图工具并掌握其使用方法;

(2) 了解常用几何图形及圆弧连接的画法。

能力目标

(1) 能正确使用常用的绘图工具和仪器;

(2) 具备徒手绘图的能力。

课题一　尺规绘图工具及其使用方法

一、绘图工具、仪器及其使用方法

1. 常用绘图工具

1) 铅笔

绘图用铅笔有木质铅笔和自动铅笔。铅芯分软硬两类。软芯铅笔标以数值和符号"B",数值越大,则铅芯越软,如 2B～6B;硬芯铅笔标以数值和符号"H",数值越大,铅芯越硬。介于软硬之间的铅笔,标以符号"HB"。

绘图时,常用 H 或 2H 铅笔打底稿,用 HB 铅笔写字,用 B 或 2B 铅笔加深图线。B 或 2B 铅笔也可削成铅芯装在圆规上用来画圆或圆弧。

铅笔的削法如图 2-1 所示。

2) 图板和丁字尺

图板以木质表面平整为好。图板的大小依图幅而定。图板的左、右两边镶有工作边,工作边要求平直,以确保作图准确,如图 2-2 所示。

丁字尺为丁字形尺,由尺头、尺身组成(见图 2-2)。丁字尺的主要用途是画水平线。画线时,丁字尺尺头紧靠图板工作边(见图 2-3)。几种错误的使用方法如图 2-4 所示。

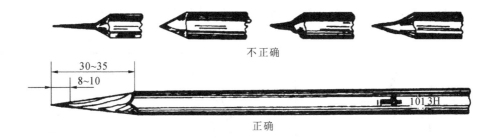

不正确

正确

图 2-1　铅笔的削法

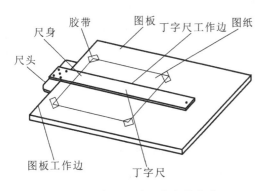

图 2-2　图板和丁字尺各部位名称

图 2-3　利用丁字尺画水平线

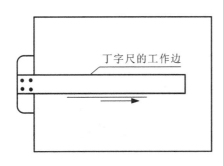

用丁字尺非工作边画水平线是错误的

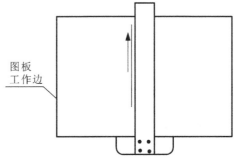

用图板的非工作边画垂直线是错误的

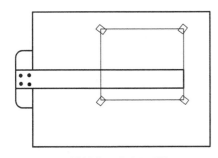

图纸离尺头太远不好

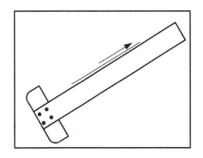

用丁字尺画斜线是错误的

图 2-4　几种错误的使用方法

3）三角板

绘图时要用一副三角板,三角板的斜边长应大于 250 mm。三角板常与丁字尺配合使用,画竖直线(见图 2-5)。

一副三角板配合丁字尺,除了可以画 30°、45°、60°斜线外,还可以画 15°、75°斜线(见图 2-6)。

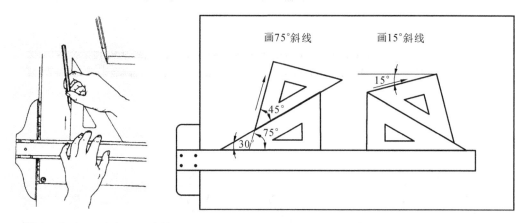

图 2-5　利用丁字尺和三角板画竖直线　　　图 2-6　利用丁字尺和三角板画斜线

4)曲线板

曲线板是用来画曲线的工具。通常要在曲线板上找几段不同的曲线连在一起,为了光滑连接曲线,前后应有一小段搭接,这样,曲线才显得顺滑,如图 2-7 所示。

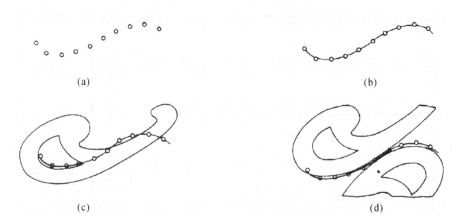

图 2-7　用曲线板绘制曲线

首选,按相应的作图法作出曲线上的一些点,如图 2-7(a)所示;再用铅笔徒手把各点依次连成曲线,如图 2-7(b)所示;然后找出曲线板上与曲线相吻合的一段,画该段曲线,如图 2-7(c)所示;同样找出下一段,注意应有一小段与已画曲线段重合,如图 2-7(d)所示。这样画出的曲线才会圆滑。

5)比例尺

比例是图上线段长度与实际线段长度的比值。放大、缩小比例要借助一定的工具,这种工具就是比例尺,它的作用在于不经过计算,直接在尺上找到缩放后的长度。例如:在1:100 的尺面上,尺上 1 cm 就代表实际长度 100 cm(即 1 m),所以在尺上 0~1 cm 长的地方标有"m"单位。如果要在 1:100 的图上画 3.6 m 长的线,可在尺上直接按数字量取,如图 2-8 所示。如果比例为 1:10,因尺面无 1:10 比例,也可利用 1:100 尺面的刻度量取,不过,这里 1 cm 表示 0.1 m。尺上其他比例也是类似用法。要注意的是,比例尺只能度量尺寸,不能用作画图的工具。

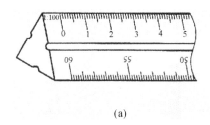

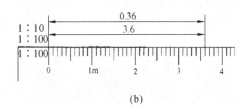

(a)　　　　　　　　　　　　　　　　(b)

图 2-8　比例尺及其用法

2. 绘图仪器

1）圆规和分规

（1）圆规。

圆规是画圆（或圆弧）的仪器。使用前应调整带针插脚,使针尖略长于铅芯。铅芯应削磨成约 65°的斜面（见图 2-9）。画圆时将带针插脚轻轻插入圆心处,使铅芯与针尖的距离等于所画圆的半径,然后转动圆规手柄,顺时针画圆。

画圆的铅芯型号应比画同类线型所用铅芯软一号。画大圆时,需加上延伸杆（见图 2-10）。

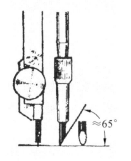

图 2-9　圆规针脚与铅芯

图 2-10　圆规接延伸杆

（2）分规。

用分规可截取一定长度或等分的线段。比如,当某一尺寸需要在图上多次使用,或画对称图形时,就可用分规从比例尺上截取所需长度,然后移到图纸上,如图 2-11 所示。

2）鸭嘴笔和针管笔

（1）鸭嘴笔。

鸭嘴笔（直线笔）是描图上墨的画线工具。调整笔尖处的螺钉,以决定墨线的粗细。用完鸭嘴笔后,将螺母放松,钢片擦净,以防笔尖锈蚀,保持钢片的弹性。

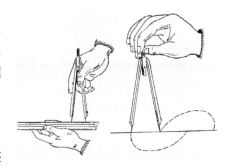

图 2-11　分规使用方法

使用鸭嘴笔时应注意:

① 充墨工具以小钢笔或吸管为好,充墨高度约 6 mm。切忌将鸭嘴笔插入墨水瓶内。

② 画线时笔杆前后方向应垂直纸面（见图 2-12）,并稍向画线方向倾斜约 20°。

③ 画线速度要均匀,一条线最好一次画完。

（2）针管笔。

针管笔如图 2-13 所示,笔杆的构造同自来水钢笔,可储存墨水。根据笔的规格,可画各种线型。

针管笔用后要及时清洗,防止墨水堵塞针管。

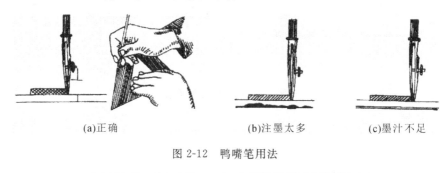

(a)正确　　　　　　　　(b)注墨太多　　　　　(c)墨汁不足

图 2-12　鸭嘴笔用法

图 2-13　针管笔

二、绘图步骤和方法

1. 绘图前的准备工作

(1) 深入了解所画图样的内容、要求。

(2) 准备必要的绘图工具,把图板、三角板、丁字尺擦干净,把手洗干净。

(3) 鉴别图纸正反面,方法是用橡皮擦图纸的两面,不起毛的一面是正面,用正面画图。若图纸两面纸质一样,则均可作为正面。

(4) 固定图纸。图纸尽量靠近图板工作边,下边要能容得下丁字尺。用丁字尺大致比齐图纸水平边,放正图纸后,用胶纸固定图纸。

2. 画图样底稿

(1) 用 H 或 2H 铅笔画底稿。

(2) 画图框与标题栏。

(3) 根据所画图样的比例,布置图面。初学者,可采取剪纸样的方法布图,使所画图样在图纸上的位置适中。

(4) 先画图形的对称线、中心线与主要轮廓线,然后画其他部分。底稿上,所有线型均为细实线。

(5) 检查底稿,擦去不需要的线条。

3. 加深底稿

1) 铅笔加深

(1) 加深圆或圆弧,使用的铅芯要比加深粗实线的铅芯软一号,一般用 B 或 2B。

(2) 加深粗实线,用 B 或 2B 铅笔。水平线从左到右,一次加完,竖直线从下到上一次加完。同一张图上,同一种线型,要求粗细、深浅一致。

(3) 加深虚线,用 B 或 2B 铅笔,顺序同粗实线。

(4) 标注尺寸,标注尺寸数字。

(5) 画剖面材料符号。若剖面线内有数字,应先画尺寸线,写数字,然后画剖面材料,遇到数字,材料符号要断开。

（6）填写标题栏及有关的文字说明。用 HB 铅笔书写。

2）描图

描图是根据所画的铅笔图,用描图笔把它描绘在描图纸上。铅笔图称为原图,描出的图称为底图,根据底图晒出的图称为蓝图,蓝图是工地上使用的图纸。

（1）描图注意事项如下:

① 不得把墨水瓶放在图板上,以免墨水瓶倾翻弄脏图纸和图板。

② 上墨的主要仪器是鸭嘴笔和装有鸭嘴插腿的圆规或针管笔。上墨前,把鸭嘴的两叶片调松,用蘸水笔把墨水装在叶片间,不能直接用鸭嘴笔蘸墨。针管笔用法同钢笔,所吸的墨水为碳素墨水。鸭嘴笔充墨高度可参看图 2-12。充墨太多,中途掉墨。充墨太少,中途墨尽,造成搭接困难。

③ 描线时,以底稿线作为中心描绘。鸭嘴笔两叶片要同时接触纸面,否则画的线不光滑。画线时,鸭嘴笔稍向前方倾斜,移动的速度要均匀,中途不要停顿。

④ 图中同一种线型一次画完,遇到笔不下水时,可备一块湿布,用笔尖在布上划几下,就下水了。

⑤ 上墨时,如画错图线,或者造成墨污,不要马上擦修,需待墨干透后,用锋利的刀片轻轻刮掉错处,然后用橡皮擦干净后,重新上墨。

（2）上墨步骤如下:

① 画所有点画线、对称线。

② 画所有的圆、圆弧、粗实线。从图的左上方开始,依次画所有的水平粗实线;从图的左下方开始,依次画所有的竖直线;从图的左上方开始依次画所有的倾斜粗实线。

③ 按画粗实线的顺序画所有的虚线。

④ 画所有的细线。

⑤ 用绘图小笔尖书写数字及文字说明。

课题二　几 何 制 图

一、作平行线、垂直线

1. 作平行线

过已知点作一直线平行于已知直线,如图 2-14 所示。

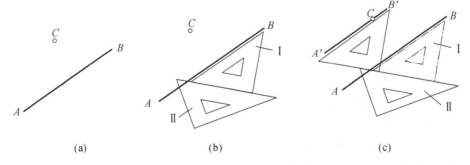

| (a) | (b) | (c) |

图 2-14　过已知点作一直线平行于已知直线

（1）已知点 C 和直线 AB；

（2）用三角板 Ⅰ 的斜边逼近直线 AB，另一三角板 Ⅱ 靠贴三角板 Ⅰ 的直角边；

（3）按住三角板 Ⅱ，推动三角板 Ⅰ，靠贴点 C，画一直线 $A'B'$ 即为所求。

2. 作垂线

过已知点作一直线垂直于已知直线，如图 2-15 所示。

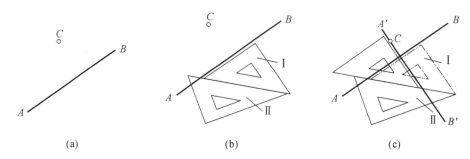

图 2-15　过已知点作一直线垂直于已知直线

（1）已知点 C 和直线 AB；

（2）用三角板 Ⅰ 的一直角边逼近直线 AB，其斜边靠另一个三角板 Ⅱ；

（3）推动三角板 Ⅰ，使其另一直角边靠贴点 C，画一直线 $A'B'$ 即为所求。

二、任意等分直线段

任意等分直线段如图 2-16 所示。

（1）已知直线 AB；

（2）过点 A 作任意直线 AC，用直尺在 AC 上从点 A 起截取任意长度的六等份，得点 1、2、3、4、5、6(C)；

（3）连接 $B6(BC)$，过其他点作 BC 的平行线交 AB 于 5 个点，即为线段 AB 的六等分点。

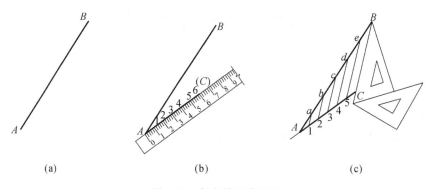

图 2-16　任意等分直线段

三、过三点作圆

过三点作圆如图 2-17 所示。

（1）已知 A、B、C 三点；

（2）作 AB、BC 的垂直平分线，其交点 O 即为圆的圆心；

（3）以 O 为圆心、OA 为半径作圆，则其必通过 A、B、C 三点。

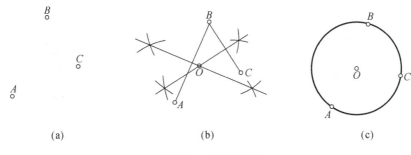

图 2-17　过三点作圆

四、作正多边形

1. 作正五边形

作圆的内接正五边形,如图 2-18 所示。

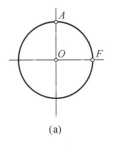 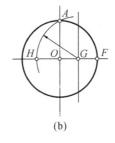 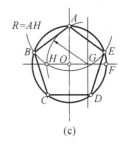

图 2-18　作圆的内接正五边形

(1) 已知圆 O 及圆上的点 A、F;

(2) 作 OF 的二等分点 G,以 G 为圆心、GA 为半径作弧交水平直径于点 H;

(3) 以 AH 为半径将圆周等分,得点 B、C、D、E,用线段连接 A、B、C、D、E 各点即得圆的内接正五边形。

2. 作正六边形

作圆的内接正六边形,如图 2-19 所示。

(1) 已知半径为 R 的圆;

(2) 用圆规将圆周分为六等份,用线段连接 A、B、C、D、E、F 各点,即得所求。

(3) 或用丁字尺配合三角板作直线 AF、CD、AB、DE、BC、EF,即得所求。

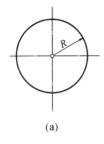 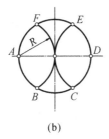 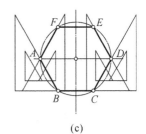

图 2-19　作圆的内接正六边形

五、过已知点作圆的切线

过已知点作圆的切线,如图 2-20 所示。

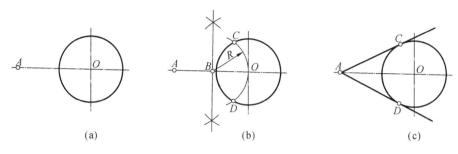

图 2-20　过已知点作圆的切线

（1）已知点 A 和圆 O；

（2）作 AO 的二等分点 B，以点 B 为圆心、BO 为半径作圆弧交已知圆于点 C、D；

（3）AC 和 AD 即为所求的两条切线。

六、圆弧连接

圆弧连接的主要问题：求连接弧圆心，定切点。

1. 作圆弧连接两直线

作圆弧连接两直线，如图 2-21 所示。

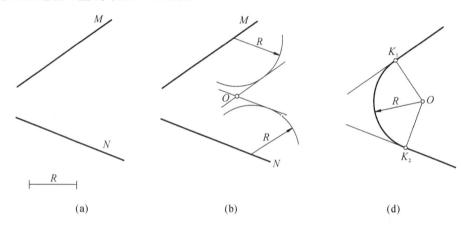

图 2-21　作圆弧连接两直线

（1）已知半径 R 和两直线 M、N；

（2）分别作与 M、N 平行并相距为 R 的两直线，交点 O 为所求圆弧的圆心；

（3）过点 O 分别作 M 和 N 的垂线，得垂足 K_1 和 K_2，以 O 为圆心、R 为半径作圆弧 $\overparen{K_1K_2}$，即为所求。

2. 作圆弧连接直线和圆弧

作圆弧连接直线和圆弧，如图 2-22 所示。

（1）已知直线 L，半径为 R_1 的圆弧和连接圆弧的半径 R；

（2）作直线 M 平行于 L 且相距为 R，再以 O_1 为圆心，以 $R+R_1$ 为半径作圆弧交直线 M 于点 O；

（3）连接 OO_1 交已知圆弧于点 K_1，再作 OK_2 垂直于 L，得另一点 K_2，以 O 为圆心、OK_2 为半径作 $\overparen{K_1K_2}$，即为所求。

3. 作圆弧与两已知圆弧连接

（1）作圆弧与两已知圆弧内切连接，如图 2-23 所示。

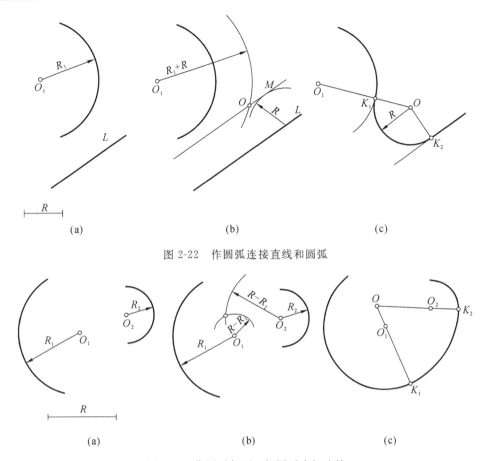

图 2-22　作圆弧连接直线和圆弧

图 2-23　作圆弧与两已知圆弧内切连接

① 已知内切连接圆弧的半径 R 和半径为 R_1、R_2 的两已知圆弧 O_1、O_2；

② 以 O_1 为圆心、$R-R_1$ 为半径作圆弧，再以 O_2 为圆心、$R-R_2$ 为半径作圆弧，两弧相交于点 O；

③ 连接 OO_1 并延长，交圆弧 O_1 于点 K_1，连接 OO_2 并延长，交圆弧 O_2 于点 K_2，以点 O 为圆心、R 为半径，作 $\overparen{K_1K_2}$，即为所求。

（2）作圆弧与两已知圆弧外切连接，如图 2-24 所示。

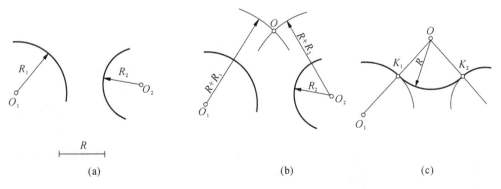

图 2-24　作圆弧与两已知圆弧外切连接

① 已知外切连接圆弧的半径 R 和半径为 R_1、R_2 的两已知圆弧 O_1、O_2；

② 以 O_1 为圆心、$R+R_1$ 为半径作圆弧，再以 O_2 为圆心、$R+R_2$ 为半径作圆弧，两弧相

交于点 O；

③ 连接 OO_1 并延长，交圆弧 O_1 于点 K_1，连接 OO_2 并延长，交圆弧 O_2 于点 K_2，以点 O 为圆心、R 为半径，作 $\overarc{K_1K_2}$，即为所求。

七、已知长短轴或共轭轴作椭圆

1. 同心圆法

同心圆法作椭圆如图 2-25 所示。

（1）已知椭圆长轴、短轴，分别以长轴 AB、短轴 CD 的长为直径作两同心圆；

（2）由圆心 O 作一系列放射线，交大圆于 I、II……各点，交小圆于 1、2……各点；

（3）过 I、II……各点引竖直线，过 1、2……各点引水平线，对应的线相交于 M_1、M_2……各点；

（4）连接 M_1、M_2……及 A、C、B、D 各点，即为所求椭圆。

2. 四心法

四心法作椭圆如图 2-26 所示。

（1）已知椭圆长短轴 AB、CD，连接 AC，以 D 为圆心、OA 为半径作圆弧与 OC 的延长线交于点 E，再以 C 为圆心、CE 为半径作圆弧交 AC 于点 F。

（2）作 AF 的垂直平分线交长短轴于 1、2 两点，并定出 1、2 两点关于圆心 D 的对称点 3、4。

（3）以 1、3 为圆心、$1A$ 为半径，以 2、4 为圆心、$2C$ 为半径分别作圆弧，所作四段圆弧切接于椭圆 $K_1K_2J_1J_2$。

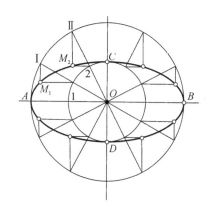

图 2-25　同心圆法作椭圆

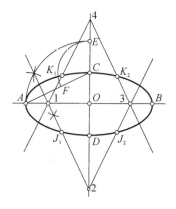

图 2-26　四心法作椭圆

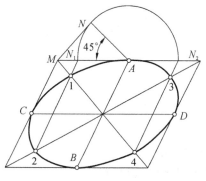

图 2-27　八点法作椭圆

3. 八点法

已知一对长短轴或一对共轭轴，图 2-27 所示为已知一对共轭轴 AB、CD，求作椭圆。

（1）过共轭轴的端点 A、B、C、D 作平行四边形；

（2）自 A、M 作 45° 斜线，交于点 N；

（3）以 A 为圆心、AN 为半径作圆弧，交平行四边形于点 N_1、N_2；

（4）过 N_1、N_2 作 AB 的平行线，与平行四边形的对角线交于点 1、2、3、4，再与 A、B、C、D 共计八点，连成椭圆。

八、斜度与锥度

1. 斜度

斜度是一直线对另一直线或一平面对另一平面的倾斜程度。其大小用两直线或两平面的夹角的正切值表示,在工程上常用 1：n 的形式表示,参照 GB/T 4458.4—2003 进行标注。

斜度的定义、符号及注法如图 2-28 所示。

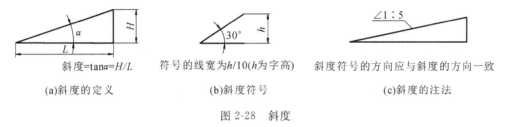

斜度=tanα=H/L   符号的线宽为h/10(h为字高)   斜度符号的方向应与斜度的方向一致

(a)斜度的定义   (b)斜度符号   (c)斜度的注法

图 2-28　斜度

2. 锥度

锥度是正圆锥的底圆直径与其高度之比;若是圆台,则为两底圆直径之差与其高度之比。锥度在工程上也用 1：n 的形式表示,参照 GB/T 4458.4—2003 进行标注。

锥度的定义、符号及注法如图 2-29 所示。

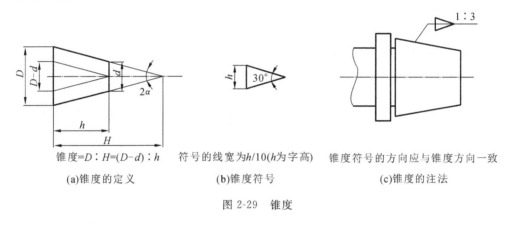

锥度=D：H=(D-d)：h   符号的线宽为h/10(h为字高)   锥度符号的方向应与锥度方向一致

(a)锥度的定义   (b)锥度符号   (c)锥度的注法

图 2-29　锥度

课题三　徒手作图

徒手草图是工程技术人员构思设计方案、讨论技术问题或交流想法时徒手作出的图样。徒手作图是工程技术人员必备的基本技能。徒手作图要求对各种图线、图形及其各部分相对比例、投影关系的表达相对正确。要达到这一点,必须经常绘图,在实践中积累经验。

一、画直线

画直线应先定两点的位置,自一点开始,轻轻画出底稿线,然后再修正所画的底稿线。

画水平线时,可将图纸斜放,握笔不要太紧,以手腕动作沿图上水平方向自左向右画出(见图 2-30(a));画竖直线时,图纸放正,沿竖直方向以手指动作自上向下画出(见图 2-30(b));画斜线时,应从左上端开始(见图 2-30(c)),也可转动图纸,按水平线画出;画长线时,眼睛盯住终点,用较快的速度画出,然后再慢速修正。

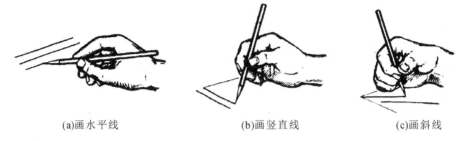

(a)画水平线   (b)画竖直线   (c)画斜线

图 2-30 徒手画直线

二、画圆、椭圆和角度

画圆、椭圆和角度的方法分别如图 2-31、图 2-32 和图 2-33 所示。

画圆步骤如下:

(1) 画中心线,在其上定出半径和圆点(A、B、C、D、O);

(2) 过 A、B、C、D 四点画圆的外切正方形及其对角线;

(3) 分任一对角线之半为三等份,在 2 点稍外处定圆周上一点 K,再相应地求出其他三点 L、M、N,将 A、K、B、L、C、M、D、N 共 8 点连成圆。

画椭圆步骤如下:

(1) 徒手画出椭圆的长短轴;

(2) 画外切矩形及对角线,等分对角线的一半为三等份;

(3) 以圆滑曲线连接对角线上的最外等分点稍偏外的点和长、短轴的端点。

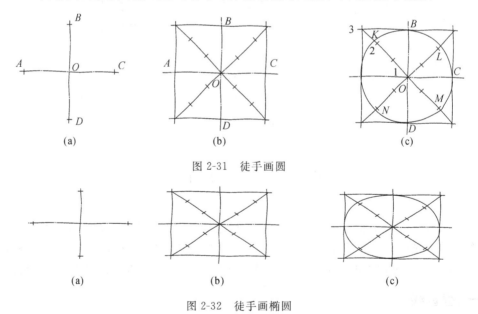

(a)   (b)   (c)

图 2-31 徒手画圆

(a)   (b)   (c)

图 2-32 徒手画椭圆

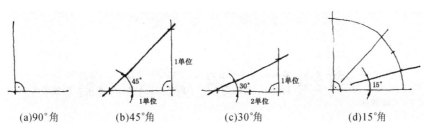

(a)90°角　　　(b)45°角　　　(c)30°角　　　(d)15°角

图 2-33　徒手画角度

模块二　投影作图

生产实际中,不同行业的图样是采用不同投影方法绘制的,工程中一般采用正投影法绘制图样。本模块重点介绍正投影法的基础知识及物体的三视图与轴测图的绘制和识读方法。

项目三　正投影与三视图

任务描述

正投影能准确地表达物体的形状,且作图简单方便、度量性好,在工程中得到广泛的应用。本项目主要介绍正投影的概念、正投影的基本特性、三视图的形成、三视图的投影规律及三视图的识读方法。

知识目标

(1) 了解投影法的基本知识;
(2) 认识并掌握三视图的对应关系。

能力目标

(1) 能正确判断三视图的对应关系;
(2) 具备三视图的初步绘图能力。

课题一　投影法概述

物体在光线照射下,会在地面和墙壁上产生影子,影子在一定程度上反映出物体的形状特征。人们对这种自然现象加以抽象研究,总结其中规律,提出投影法。

所谓投影法,就是利用一组投射线通过物体射向预定平面,并在该平面上得到投影图形的方法。预定平面称为投影面,图形即为该物体的投影。

一、投影法的分类

在工程上常用各种投影方法绘制工程图,常用的投影方法有中心投影法和平行投影法两种。

1. 中心投影法

如图 3-1 所示,所有的投影线都汇交于一点,这种投影方法称为中心投影法。中心投影法得到的物体的投影与投影中心、物体和投影面三者之间的位置有关,投影不能反映物体的真实大小,但是图形富有立体感。因此,中心投影法通常用来绘制建筑物或逼真的立体图,也称为透视图。

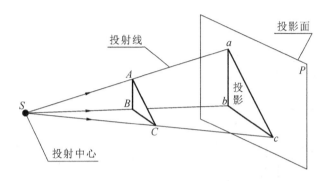

图 3-1　中心投影法

2. 平行投影法

如图 3-2 所示,投射线 Aa、Bb、Cc 是相互平行的,这种投影方法称为平行投影法。平行投影法又分为正投影法和斜投影法。

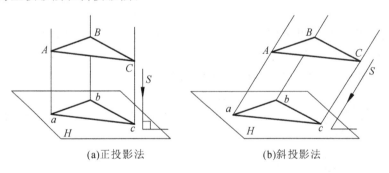

(a)正投影法　　　　　　　　　　(b)斜投影法

图 3-2　平行投影法

投射线垂直于投影面,为正投影法;投影线倾斜于投影面,为斜投影法。在平行投影法中,如果物体与投影面平行,得到的投影就能反映物体的真实形状和大小,并且投影同物体和投影面的距离无关。工程图样主要采用正投影法。

二、正投影法的特性

1. 真实性

当直线或平面图形平行于投影面时,其投影反映线段的实长或平面的实形。

2. 积聚性

当直线或平面图形垂直于投影面时,其投影积聚成点或直线。

3. 类似性

当直线或平面图形既不平行也不垂直于投影面时,直线的投影仍然是直线,平面图形的投影是原图形的类似形,但直线或平面图形的投影小于线段的实长或平面的实形。

此外,正投影法还有平行性(即空间平行直线的投影仍然平行)、定比性(即空间平行线段的长度比在投影中保持不变)、从属性(即几何元素的从属关系在投影中不会发生改变,如属于直线的点的投影必属于直线的投影,属于平面的点和线的投影必属于平面的投影)等性质。

三、工程上常用的几种投影图

1. 正投影图

正投影图是一种多面投影图,它采用相互垂直的两个或两个以上的投影面,在每个投影面上分别采用正投影法获得几何原形的投影。由这些投影便能确定该几何原形的空间位置和形状。如图 3-3 所示是某一几何体的正投影图。

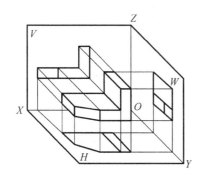
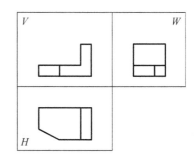

图 3-3　几何体的正投影图

采用正投影图时,常将几何体的主要平面放置成与相应的投影面相互平行。这样画出的投影图能反映出这些平面的实形。因此正投影图有很好的度量性,而且作图也较简便。在机械制造行业和其他工程部门中,正投影图被广泛采用。

2. 轴测投影图

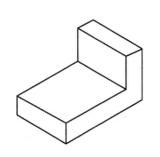

图 3-4　几何体的轴测投影图

轴测投影图是单面投影图。先设定空间几何原形所在的直角坐标系,采用平行投影法,将三根坐标轴连同空间几何原形一起投射到投影面上。如图 3-4 所示是某一几何体的轴测投影图。由于采用平行投影法,所以空间平行的直线,投影后仍平行。

采用轴测投影图时,将坐标轴对投影面放置成一定的角度,使得投影图上同时反映出几何体长、宽、高三个方向上的形状,增强立体感。

3. 标高投影图

标高投影图是采用正投影法获得空间几何元素的投影之后,再用数字标出空间几何元素对投影面的距离,以在投影图上确定空间几何元素的几何关系的投影图。

如图 3-5 所示是曲面的标高投影图,图中一系列标有数字的曲线称为等高线。

标高投影图常用来表示不规则曲面,如船舶、飞行器、汽车的外形曲面及地形等。

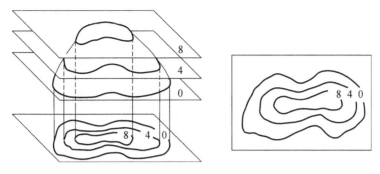

图 3-5　曲面的标高投影图

4. 透视投影图

透视投影图用的是中心投影法。它与照相成影的原理相似,图像接近于视觉映象,所以透视投影图逼真,直观性强。按照特定规则画出的透视投影图,完全可以确定空间几何元素的几何关系。

如图 3-6 所示是某一几何体的一种透视投影图。由于采用中心投影法,所以空间平行的直线,有的在投影后就不平行了。透视投影图广泛用于工艺美术及宣传广告图样。

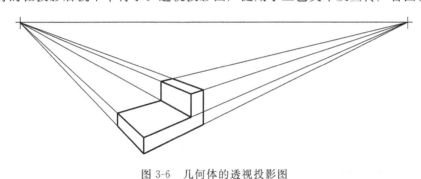

图 3-6　几何体的透视投影图

课题二　三视图的形成及其对应关系

一、三面投影面体系的建立

物体是有长、宽、高三个尺度的立体。只通过物体在一个投影面上的投影,我们并不能确定物体在空间的位置和形状,如图 3-7 所示。因此,我们要认识物体,就应该从上、下、左、右、前、后各个方面去观察它,才能对它有一个完整的了解。

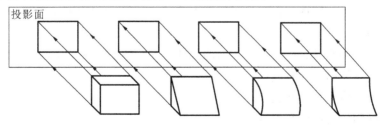

图 3-7　一面视图相同的不同物体

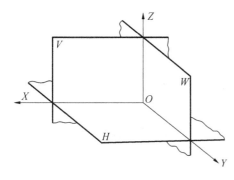

图 3-8 三投影面体系

为了准确地表达物体的形状和大小，我们设立互相垂直的三个投影面，三个投影面的名称和代号分别是：正对观察者的投影面称为正立投影面（简称正面），代号用字母 V 表示；右边侧立的投影面称为侧立投影面（简称侧面），代号用字母 W 表示；水平位置的投影面称为水平投影面（简称水平面），代号用字母 H 表示。如图 3-8 所示，这三个互相垂直的投影面就好像室内一角，即像相互垂直的两堵墙和地板那样，构成一个三投影面体系。

由于三投影面彼此垂直相交，故形成三根投影轴，分别是：V 面和 H 面相交的交线，称为 OX 轴，简称 X 轴；H 面和 W 面相交的交线，称为 OY 轴，简称 Y 轴；V 面和 W 面相交的交线，称为 OZ 轴，简称 Z 轴。X、Y、Z 三轴的交点称为原点，用字母 O 表示。

二、三面投影的形成

将物体置于三面投影体系中，按正投影法分别向三个投影面投射，由前向后投射在 V 面上得到的投影称为正面投影，反映物体的 X 坐标和 Z 坐标；由上向下投射在 H 面上得到的投影称为水平投影，反映物体的 X 坐标和 Y 坐标；由左向右投射在 W 面上得到的投影称为侧面投影，反映物体的 Z 坐标和 Y 坐标。在三投影面体系中，按正投影原则画出物体的投影图形，称为视图。

主视图——由前向后投影，在正面上所得的视图；

俯视图——由上向下投影，在水平面上所得的视图；

左视图——由左向右投影，在侧面上所得的视图。

这三个视图我们称为物体的三面视图，简称为三视图，如图 3-9(a)所示。

为了把空间的三个视图画在一个平面上，就必须把三个投影面展开摊平，如图 3-9(b)所示。展开的方法是：正面(V)保持不动，水平面(H)绕 OX 轴向下旋转 90°，侧面(W)绕 OZ 轴向右旋转 90°，它们和正面(V)形成一个平面，如图 3-9(c)所示。由于投影面的边框是设想的，所以不必画出，如图 3-9(d)所示。

三、三视图的关系及投影规律

1. 位置关系

由图 3-9 可知，物体的三个视图按规定展开，摊平在同一平面上以后，具有明确的位置关系，即主视图在上方，俯视图在主视图的正下方，左视图在主视图的正右方。

2. 投影关系

任何一个物体都有长、宽、高三个方向的尺寸。在物体的三视图中，我们可以看出：

主视图反映物体的长度和高度；

俯视图反映物体的长度和宽度；

左视图反映物体的高度和宽度。

由于三个视图反映的是同一物体，其长、宽、高是一致的，因此，三视图之间的投影对应

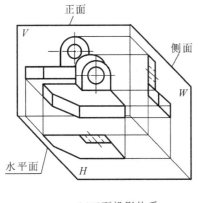

(a)三面投影体系

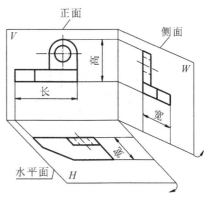

(b)三投影面的旋转

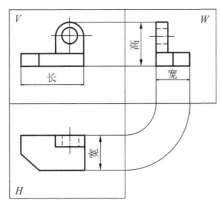

(c)三面投影图

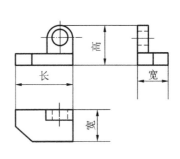

(d)去掉投影面边框和轴线

图 3-9　三视图的形成过程

关系可以归纳为：

主、俯视图长对正(等长)；

主、左视图高平齐(等高)；

俯、左视图宽相等(等宽)。

上面所归纳的"三等"关系，简单地说就是"长对正、高平齐、宽相等"。对于任何一个物体，不论是整体，还是局部，这个投影对应关系都保持不变。"三等"关系反映了三个视图之间的投影规律，是我们看图、画图和检查图样的依据。

3. 方位关系

三视图不仅反映了物体的长、宽、高，同时也反映了物体的上、下、左、右、前、后六个方位的位置关系。一个视图只能反映物体的四个方位，如图 3-10 所示。

主视图反映了物体的上、下和左、右相对位置关系。

俯视图反映了物体的前、后和左、右相对位置关系。

左视图反映了物体的上、下和前、后相对位置关系。

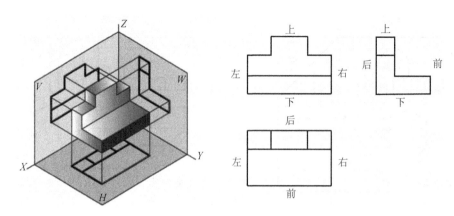

图 3-10　三视图的方位对应关系

项目四　立体表面几何元素的投影

 任务描述

　　立体表面都是由点、线、面等基本几何元素构成的。本项目主要介绍点、直线、平面的投影规律和立体表面上的直线和平面的识读方法。

 知识目标

　　（1）了解点、直线、平面的投影及投影规律；
　　（2）掌握点、直线、平面的投影规律。

 能力目标

　　（1）掌握直线上点的求法；
　　（2）掌握平面上点、直线的求法。

课题一　点　的　投　影

　　任何物体都可以看成由点、线、面等几何元素构成的，其中点是最基本的元素。点可连成线，线可组成面，面可构成体。

一、点的单面投影

　　如图 4-1 所示，设定投影面 P，由一个空间点 A 作垂直于 P 的投影线，相交于一点 a，点 a 就是空间点 A 在投影面 P 上的投影。由此可见：一个空间点在一个投影面上有唯一确定的投影。反之，如果已知点 A 在投影面 P 上的投影 a，则不能唯一地确定该点的空间位置。这是由于在从点 a 所作的垂线上，所有点的投影都位于 a 处。

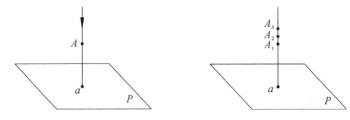

图 4-1　点的单面投影

由于单面投影不能够确定点的唯一位置，所以在工程上常把几何体想象成放在相互垂直的两个或两个以上投影面体系内,在投影面上形成的投影就是多面正投影。

二、点的两面投影

1. 两投影面体系的建立

相互垂直的正立投影面 V 和水平投影面 H 及它们相交所得的投影轴 OX,便组成了 V、H 投影面体系。在 V、H 投影面体系中有一个空间点 A。采用正投影法,将空间点 A 分别向投影面 H 和 V 投射,得到点 A 的两个投影 a 和 a',如图 4-2(a)所示。空间点 A 在水平投影面 H 上的投影称为水平投影,用相应的小写字母 a 表示;空间点 A 在正立投影面 V 上的投影称为正面投影,用相应的小写字母 a' 表示。规定:空间中的点用大写字母表示,其投影用相应的小写字母表示。

投影线 Aa 和 Aa' 垂直相交,处于同一平面内,这说明根据点的两个投影 a 和 a' 就可以唯一确定该点的空间位置。同时,由于两个投影面 H 和 V 相互垂直,可以建立笛卡儿坐标系,如图 4-2 所示。点 A 的正面投影 a' 反映了点 A 的 X 和 Z 坐标,水平投影 a 反映了点 A 的 X 和 Y 坐标,也就是说,知道了空间点 A 的两个投影 a'、a,就确定了空间点 A 的三个坐标 X、Y、Z,即唯一地确定了该点的空间位置。

2. 点的两面投影的形成

如图 4-2 所示,为了把投影面 H 和投影面 V 及投影 a、a' 同时绘制在一个平面上,使投影面 V 保持不动,将投影面 H 绕 OX 轴按图示箭头方向旋转 $90°$,使它与投影面 V 展开在一个平面上,展开后得到点 A 的两面投影图,如图 4-2(b)所示。由于投影面的边界大小与投影无关,所以通常在投影图上不画投影面的范围,如图 4-2(c)所示。

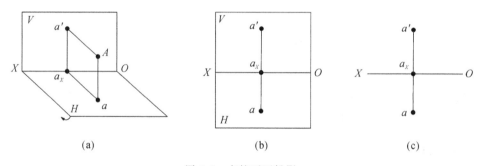

图 4-2　点的两面投影

3. 点的两面投影的性质

(1)点的投影连线垂直于投影轴。点的正面投影和水平投影的连线 aa' 垂直于对应的投影轴 OX,即 $aa' \perp OX$。

(2)点的一个投影到投影轴的距离,等于该空间点到相邻投影面的距离。点 A 的正面投影到 OX 轴的距离等于空间点到水平投影面 H 的距离,都反映点的 Z 坐标,即 $a'a_x = Aa = Z$;点 A 的水平投影到 OX 轴的距离等于空间点到正立投影面 V 的距离,都反映点的 Y 坐标,即 $aa_x = Aa' = Y$。

三、点的三面投影

由点的两个投影可以确定唯一的点的空间位置。但对于复杂的几何形体,需要采用三个投影面上的投影才能够清楚地表达空间结构。

1. 三投影面体系的建立

三投影面体系是在两投影面体系 V、H 的基础上再添加一个新的投影面 W 建立而成的,且三个投影面相互垂直。与正立投影面 V 和水平投影面 H 同时垂直的新投影面 W 称为侧立投影面,简称侧面。点 A 在投影面 W 上的投影称为侧面投影,用 a'' 表示。投影面 W 与 H 的交线为 OY 轴,投影面 W 与 V 的交线为 OZ 轴。

2. 点的三面投影的形成

如图 4-3 所示,投影面 V 保持不动,将投影面 H、W 按图示方向展开,分别绕 OX、OZ 轴旋转 $90°$,使它们与投影面 V 位于同一平面上,就得到了点 A 的三面投影图。在投影过程中,OY 轴被分为两处,随投影面 H 转动的称为 OY 轴,随投影面 W 转动的称为 OY_1 轴,如图4-3(b)所示。

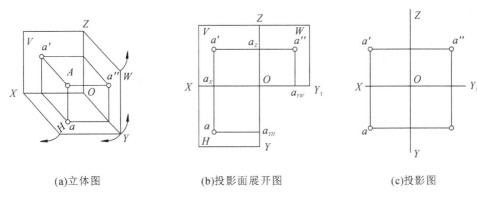

(a)立体图   (b)投影面展开图   (c)投影图

图 4-3　点的三面投影

3. 点的三面投影的性质

将点 A 分别向相互垂直的 V、H、W 三个投影面投影,得到 a'、a、a'' 三个投影,将其展开在同一平面上,便得到了点 A 的三面投影图,用 a_X、a_{YH}、a_{YW}、a_Z 分别表示点的投影连线同投影轴 OX、OY、OZ 的交点。

通过点的三面投影图形成过程我们可以知道,点的三面投影的性质如下。

(1) 点的三面投影线,必定垂直于相应的投影轴,即 $aa' \perp OX$,$a'a'' \perp OZ$,而 $aa_{YH} \perp OY$,$a''a_{YW} \perp OY_1$。

(2) 点到投影轴的距离等于空间点到相应的投影面的距离,即

$a'a_X = a''a_{YW} =$ 点 A 到投影面 H 的距离 Aa;

$aa_X = a''a_Z =$ 点 A 到投影面 V 的距离 Aa';

$aa_{YH} = a'a_Z =$ 点 A 到投影面 W 的距离 Aa''。

点 A 坐标的规定书写形式为:$A(X,Y,Z)$。

通过投影的性质可知:已知点的任意两投影可求出它的第三个投影。

例 4-1　已知点 M 的正面投影 m' 和侧面投影 m'',求其水平投影 m。

解　作图过程如下:

(1) 过 m' 作 $m'm_X \perp OX$,如图 4-4(a)所示;

(2) 过点 O 作 $45°$ 辅助线;

(3) 过 m'' 作 OY_1 的垂线,与 $45°$ 辅助线相交于点 b,如图 4-4(b)所示;

(4) 过交点 b 作 OX 的平行线与 $m'm_X$ 相交,交点即为水平投影 m。

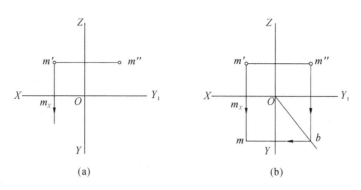

(a)   (b)

图 4-4　作水平投影

四、特殊位置点投影

空间点位于投影面或投影轴上，称为特殊位置点。

1. 位于投影面上的点

位于投影面上的点如图 4-5 中投影面 H 上的点 B，具有如下性质：

（1）点的两个投影在投影轴上；

（2）点的第三个投影与空间点本身重合。

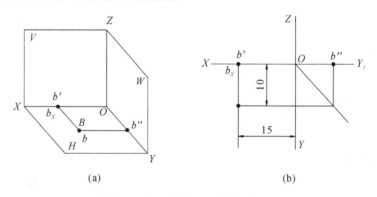

(a)   (b)

图 4-5　位于投影面上的点的投影

2. 位于投影轴上的点

位于投影轴上的点如图 4-6 中 Y 轴上的点 C，它在与轴相邻两平面上投影都与其自身重合，在另外一投影面上的投影位于原点。

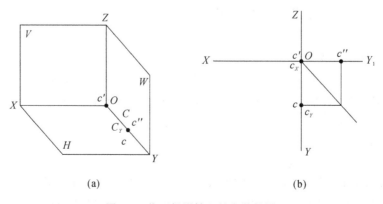

(a)   (b)

图 4-6　位于投影轴上的点的投影

五、两点位置关系

1. 两点的相对位置确定

可根据点的坐标来确定点的位置,也可以根据欲求点与已知点的位置关系确定点的位置。

根据规定:X 坐标左为大、右为小;Y 坐标前为大、后为小;Z 坐标上为大、下为小。如图 4-7 所示,以点 A 为基准判断 A、B 两点的空间位置关系。

b' 在 a' 右侧,即 $X_B < X_A$,表示点 B 在点 A 的右边,相对位置由正面投影和水平投影的 X 坐标差值 ΔX 确定。

b 在 a 的后边,即 $Y_B < Y_A$,表示点 B 在点 A 的后面,相对位置由水平投影和侧面投影的 Y 坐标差值 ΔY 确定。

b'' 在 a'' 的上侧,即 $Z_B > Z_A$,表示点 B 在点 A 的上边,相对位置由正面投影和侧面投影的 Z 坐标差值 ΔZ 确定。

综合来看,点 B 在点 A 的右后上方。

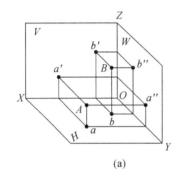
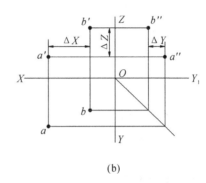

(a)   (b)

图 4-7　两点的相对位置

2. 重影点及其可见性判别

当空间两点的两个坐标相等时,这两个点处于某投影面的同一投影线上,两点在该投影面的投影重叠成一个点,则这两个点称为重影点。沿着其投射方向观察两点,一个可见,另一个被前一点所遮挡,因而不可见。规定:凡不可见点用小括号"( )"括起来表示其不可见性。

如图 4-8 所示,A、B 两点处于同一水平面上,它们的 X、Z 坐标相同,是重影点,由图可以判别点 A 处于点 B 后方,所以点 A 在正立投影面上的投影为不可见,用 (a') 表示其不可见性。

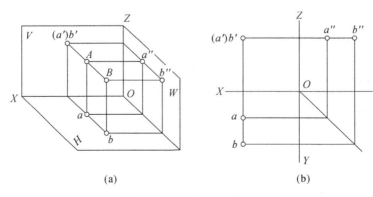

(a)   (b)

图 4-8　重影点及其可见性判别

课题二　直线的投影

两点确定一直线。因此,直线的投影是由该直线上两点的投影确定的。直线的投影可归结为点的投影,只要找出直线上两个点的投影,就可以找到直线的位置。

一、直线对一个投影面的投影特性

直线与一个投影面的相对位置有平行、垂直、倾斜三种情况,如图 4-9 所示。

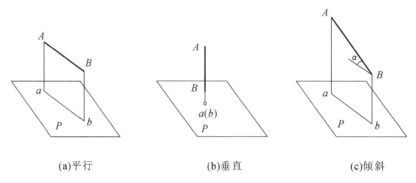

| (a)平行 | (b)垂直 | (c)倾斜 |

图 4-9　直线与一个投影面的相对位置

1. 直线平行于投影面

如图 4-9(a)所示,直线 AB 平行于投影面 P,则直线 AB 在投影面 P 上的投影 ab 反映直线的实长,即 $AB=ab$。

2. 直线垂直于投影面

如图 4-9(b)所示,直线 AB 垂直于投影面 P,则直线 AB 在投影面 P 上的投影 ab 积聚为一点。

3. 直线倾斜于投影面

如图 4-9(c)所示,直线 AB 倾斜于投影面 P,则直线 AB 在投影面 P 上的投影 ab 小于实长,$ab=AB\cos\alpha$(α 为直线 AB 与投影面 P 的夹角)。

二、直线在三面投影体系中的投影特性

1. 一般位置直线

对于三个投影面都倾斜的直线称为一般位置直线。

直线和投影面斜交时,直线和它在投影面上的投影所形成的锐角,称为直线对投影面的倾角。规定:一般以 α、β、γ 分别表示直线对投影面 H、V、W 的倾角,直线 AB 对投影面 H 的倾角为 α,故水平投影 $ab=AB\cos\alpha$;直线 AB 对投影面 V 的倾角为 β,故正面投影 $a'b'=AB\cos\beta$;直线 AB 对投影面 W 的倾角为 γ,故侧面投影 $a''b''=AB\cos\gamma$。直线 AB 为一般位置直线时,它在各个面上的投影都小于实长,如图 4-10 所示。

2. 投影面平行线

平行于一个投影面而对另外两个投影面倾斜的直线称为投影面平行线。它有三种形式,即水平线(平行于投影面 H)、正平线(平行于投影面 V)和侧平线(平行于投影面 W),如

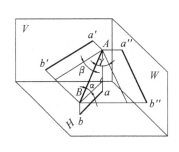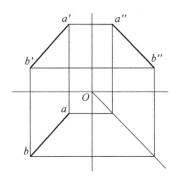

图 4-10 一般位置直线

表 4-1 所示。

表 4-1 投影面平行线

名称	直观图	投影图	投影特性
水平线 (平行于投影面 H)			$ab=AB$ $a'b'\,/\!/\,OX$ $a''b''\,/\!/\,OY_1$ 反映 β、γ
正平线 (平行于投影面 V)			$a'b'=AB$ $ab\,/\!/\,OX$ $a''b''\,/\!/\,OZ$ 反映 α、γ
侧平线 (平行于投影面 W)			$a''b''=AB$ $ab\,/\!/\,OY_1$ $a'b'\,/\!/\,OZ$ 反映 α、β

以正平线为例说明：$AB\,/\!/$ 投影面 V，所以在投影面 V 上的投影 $a'b'=AB$，即正面投影反映实长；实长投影 $a'b'$ 与 OX 轴的夹角 α 等于直线 AB 对投影面 H 的倾角，$a'b'$ 与 OZ 轴的夹角 γ 等于直线 AB 对投影面 W 的倾角；由于 $Y_A=Y_B$，因此 $ab\,/\!/\,OX$，$a''b''\,/\!/\,OZ$，即水平投影和侧面投影平行于相应的投影轴。

投影面平行线具有共性如下：

(1) 直线在它所平行的投影面上的投影反映实长。

（2）直线的其他两个投影平行于相应的投影轴。

（3）反映直线实长的投影与投影轴的夹角等于直线对相应投影面的倾角。

反之，如果直线的三个投影与投影轴的关系是一倾斜两平行，则直线必定是投影面平行线。

3. 投影面垂直线

垂直于一个投影面而同时平行于其他两个投影面的直线称为投影面垂直线。它有三种形式：铅垂线（垂直于投影面 H）、正垂线（垂直于投影面 V）、侧垂线（垂直于投影面 W），如表 4-2 所示。

表 4-2　投影面垂直线

名称	直观图	投影图	投影特性
铅垂线	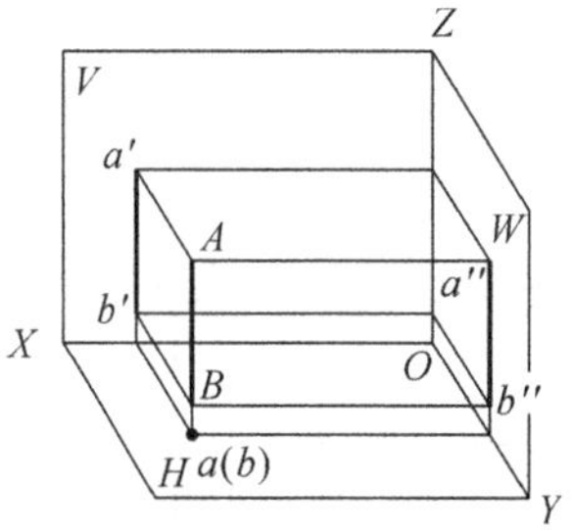	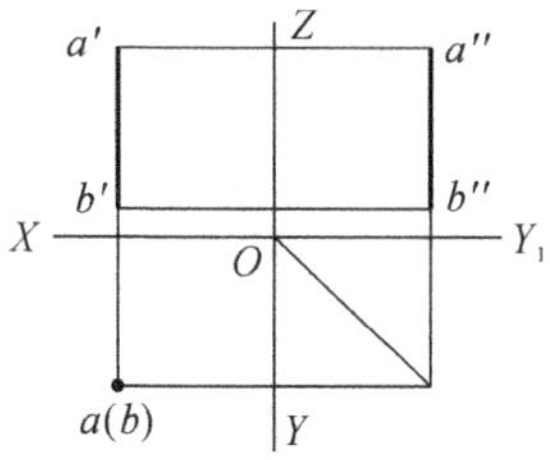	ab 积聚为一点 $a'b'\perp OX$ $a''b''\perp OY_1$ $a'b'=a''b''=AB$ 反映实形
正垂线	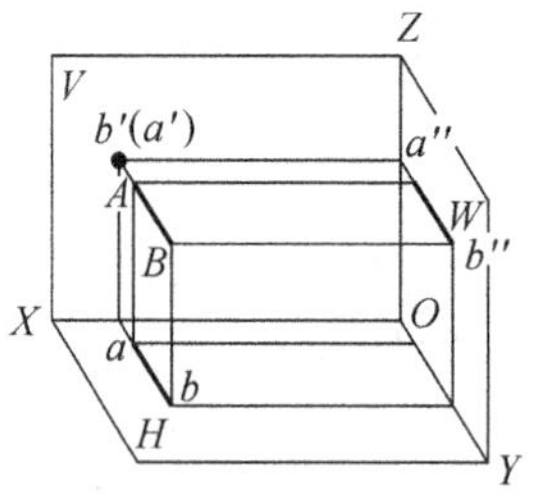	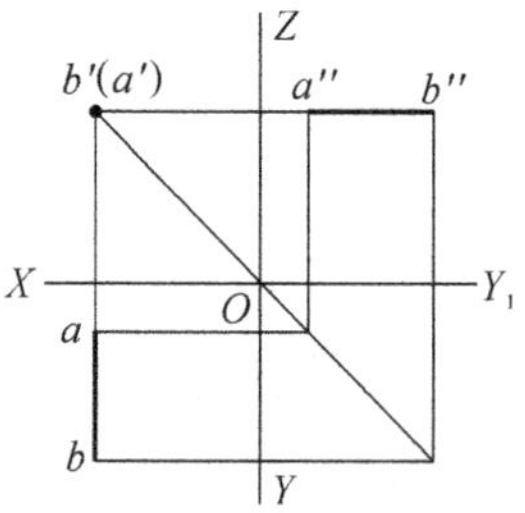	$a'b'$ 积聚为一点 $ab\perp OX$ $a'b'\perp OZ$ $ab=a''b''=AB$ 反映实形
侧垂线	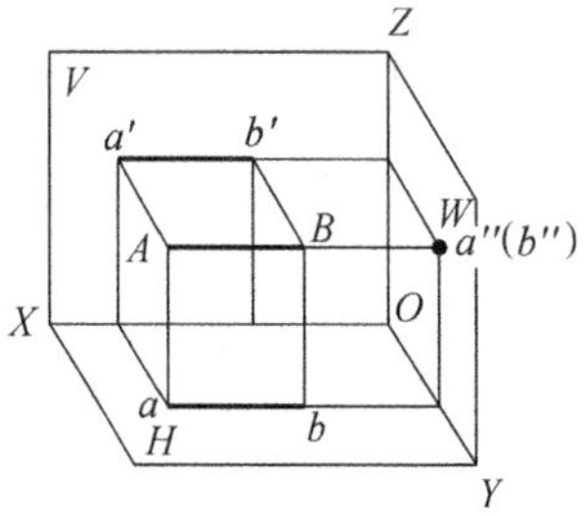	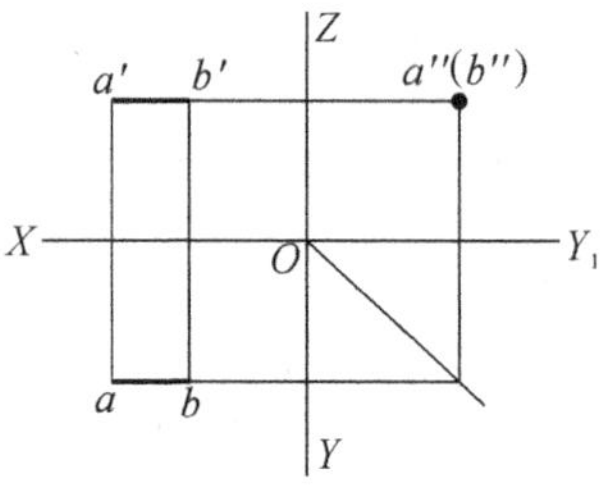	$a''b''$ 积聚为一点 $ab\perp OY$ $a'b'\perp OZ$ $ab=a'b'=AB$ 反映实形

以铅垂线为例说明：

因直线 $AB\perp$ 投影面 H，$HA=HB$，故水平投影 ab 积聚成一点。又因直线 $AB /\!/$ 投影面 V、$AB /\!/$ 投影面 W，故 $a'b'=AB=a''b''$，且 $a'b'\perp OX$，$a''b''\perp OY_1$。

对于正垂线及侧垂线做同样的分析，可得出类似的投影特性。

（1）直线在它所垂直的投影面上的投影积聚成一点。

（2）直线在其他两个投影面上的投影反映其实长，且垂直于相应的投影轴。

反之，如果直线的一个投影是点，则直线必定是相应投影面的垂直线。

三、一般位置线段的实长及其对投影面的倾角

一般位置投影无法反映直线实形和投影面倾角,我们不能够从三投影中直接得到线段的长度和投影面倾角,那么如何求一般位置线段的实长及其对投影面的倾角呢? 工程上一般用直角三角形法。

立体图中可看出直角三角形法的构成,在投影图上可图解线段实长及 α、β、γ。

如图 4-11 所示,求线段 AB 实长及其对投影面 H 的倾角 α,步骤如下。

(1) 以水平投影 ab 为一条直角边;

(2) 以 AB 两端点到投影面 H 的距离差 $|Z_B - Z_A|$ 作另一直角边,使 $bB_1 = b'c'$;

(3) 连接 aB_1,作出直角三角形。

在直角 $\triangle abB_1$ 中,斜边 aB_1 即为线段 AB 的实长,$\angle baB_1$ 为线段 AB 对投影面 H 的倾角 α。

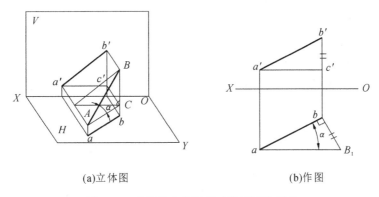

(a)立体图   (b)作图

图 4-11 求线段实长及其对投影面的倾角

四、直线上的点

直线上的点有如下特性:

(1) 直线上点的各投影,必在直线的同面投影上。反之,如果一个点的各个投影分别在某一直线的同面投影上,则该点一定是直线上的点,如图 4-12 所示。

(2) 直线上的点分线段成一定比例,其投影分线段投影成相同比例。

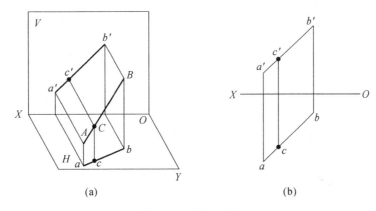

(a)   (b)

图 4-12 直线上的点

例 4-2 已知直线 AB 及点 S 的正面投影和水平投影,判断点 S 是否在直线 AB 上。

解　如图 4-13 所示,可用两种方法求解。

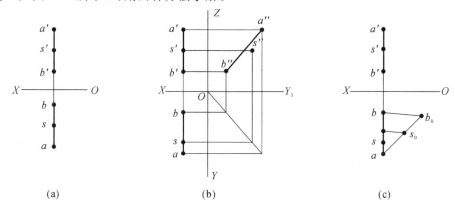

| (a) | (b) | (c) |

图 4-13　判断点是否在直线上

法一:依据直线上的点的各投影,必在直线的同面投影上,如图 4-13(b)所示。

① 创建坐标系,并过点 O 作 45°辅助线;

② 在坐标系上,作 AB 的侧面投影 $a''b''$;

③ 作点 S 在侧面上的投影 s''。

完成后若 s'' 和直线 $a''b''$ 重合,则证明点 S 在直线 AB 上;若不重合,则证明点 S 不在直线 AB 上。

法二:依据点分线段及其投影成比例,如图 4-13(c)所示。

① 过点 a 作任意方向辅助线,在该线上截取两点 s_0 和 b_0 使 $a_0 s_0 = a's'$、$s_0 b_0 = s'b'$;

② 连接 bb_0,过 s_0 作 bb_0 的平行线,交于 ab 上一点。

该交点若与 s 重合,则点 S 为直线 AB 上的点;若不重合,则点 S 非直线 AB 上的点。

五、两直线的位置关系

空间中的两直线有三种位置关系:平行、相交、交叉(既不平行也不相交)。

1. 两平行直线

若两直线平行,则其各同名投影必平行。反之,若两直线各同名投影都平行,则该两直线平行。

一般位置直线只看两面投影是否平行即可判定其是否平行,如图 4-14(a)所示。若两直线都是某个投影面的平行线,则要检查两直线在该投影面上的投影是否平行,如图 4-14(b)所示。

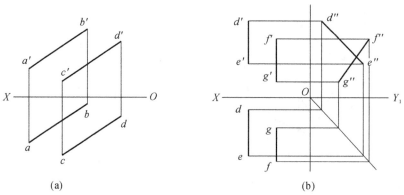

| (a) | (b) |

图 4-14　两平行直线

2. 两相交直线

两相交直线的各同名投影必相交,且交点同属于两直线(符合点的投影规律)。反之,若两直线的各同名投影都相交,且交点符合点的投影规律,则该两直线相交。如图 4-15(a)所示,两直线相交;如图 4-15(b)所示,两直线不相交。

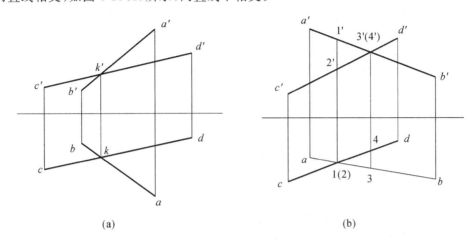

(a)　　　　　　　　　　　　　(b)

图 4-15　两相交直线

3. 两交叉直线

判定两交叉直线的方法:不符合平行、相交条件的两直线即为两交叉直线,如图 4-16 所示。

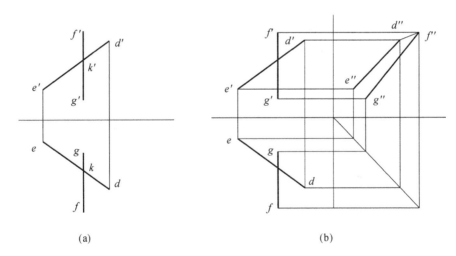

(a)　　　　　　　　　　　　　(b)

图 4-16　两交叉直线

两交叉直线同名投影的交点为对该投影面的一对重影点。其判定方法如下。

投影面 H:在上面(Z 坐标大)可见,在下面(Z 坐标小)不可见。

投影面 V:在前面(Y 坐标大)可见,在后面(Y 坐标小)不可见。

如图 4-17 所示为两交叉直线,它们的水平投影 cd 和 ef 交于一点 $a(b)$,即为两交叉直线对投影面 H 的一对重影点 A、B 的水平投影。由 ab 作投影连线垂直于 OX 轴,点 A 属于直线 CD,点 B 属于直线 EF,可以看到点 A 比点 B 高,故可判定直线 CD 上点 A 的水平投影可见,直线 EF 上点 B 的水平投影不可见,用 $a(b)$ 表示。

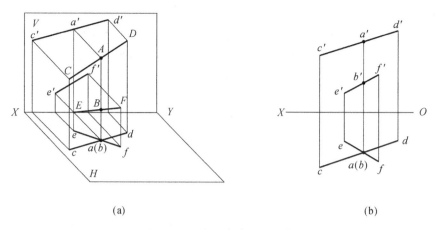

(a)   (b)

图 4-17　两交叉直线的重影点

六、直角投影定理

空间两直线相互垂直时,如果两直线同时平行于某投影面,则两直线在该投影面上的投影仍相互垂直;如果两直线都不平行于某一投影面,则两直线在该投影面上的投影不垂直;若其中的一条直线平行于某一投影面,则两直线在该投影面上的投影相互垂直。

1. 两垂直相交直线的投影

定理Ⅰ　垂直相交的两直线,其中一条直线平行于某投影面时,两直线在该投影面上的投影相互垂直。

证明如下:如图 4-18 所示,设两相交直线 $AB \perp AC$,且 $AB /\!/$ 投影面 H,AC 不平行于投影面 H。显然,直线 $AB \perp$ 平面 $AacC$(因 $AB \perp Aa$,$AB \perp AC$)。$ab /\!/ AB$,则 $ab \perp$ 平面 $AacC$,因此 $ab \perp ac$,亦即 $\angle bac = 90°$。

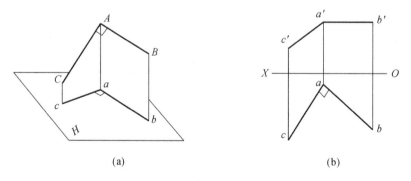

(a)   (b)

图 4-18　直角投影定理

定理Ⅱ　两相交直线在同一投影面上的投影相互垂直,且有一条直线平行于该投影面时,两直线相互垂直。

2. 两交叉垂直直线的投影

定理Ⅲ　互相交叉垂直的两直线,其中一条直线平行于某投影面时,两直线在该投影面上的投影互相垂直。

证明如下:如图 4-19 所示,两交叉直线 $AB \perp MN$,且 $AB /\!/$ 投影面 H,MN 不平行于投影面 H。过直线 AB 上任一点 A 作直线 $AC /\!/ MN$,则 $AC \perp AB$。由 $ab \perp ac$,$AC /\!/ MN$ 可知,$ac /\!/ mn$,因此 $ab \perp mn$。图 4-20 是它们的投影图,其中 $a'b' /\!/ OX$(AB 为水平线),$ab \perp mn$。

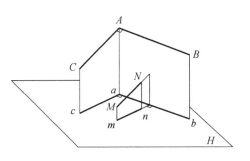

图 4-19　两交叉垂直直线

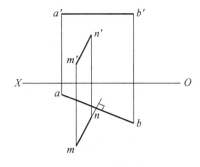

图 4-20　投影图

定理Ⅳ　两交叉直线在同一投影面上的投影相互垂直,且有一条直线平行于该投影面时,两直线相互垂直。

例 4-3　已知直线 EF 及点 A 的正面投影和水平投影,试过点 A 作一直线 AB 使 $AB \perp EF$。

解　(1) 过点 A 作一正平线 AB,使 $ab /\!/ OX$;

(2) 作 AB 的正视图,使 $a'b' \perp e'f'$,如图 4-21 所示。

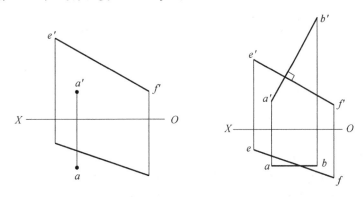

图 4-21　过点作已知直线的垂线

例 4-4　已知水平线 AB 及正平线 CD,过定点 S 作它们的公垂线。

解　如图 4-22 所示,过点 S 的水平投影 s 作 $sl \perp ab$,过点 S 的正面投影 s' 作 $s'l' \perp c'd'$,SL 即为所求的公垂线。因为根据定理Ⅳ,必有 $SL \perp AB$ 及 $SL \perp CD$。

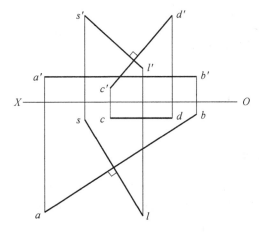

图 4-22　过点作两已知直线的公垂线

课题三　平面的投影

平面图形具有一定的形状、大小和位置,常见的有三角形、矩形、正多边形等由直线轮廓组成的平面图形,还有一些由直线和曲线或由曲线组成的平面图形。

一、平面的表示方法

在投影中平面的表示方法有两种:几何元素表示法和迹线表示法。

1. 几何元素表示法

由初等几何知道,不属于同一直线的三点确定一平面。根据几何原理转换可知:一直线及直线外一点,两相交直线,两平行直线或任何一平面图形均可确定平面。因此,可以用下列任一组几何元素的投影表示平面的投影,如图 4-23 所示。

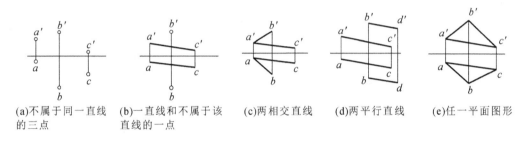

|(a)不属于同一直线的三点|(b)一直线和不属于该直线的一点|(c)两相交直线|(d)两平行直线|(e)任一平面图形|

图 4-23　用几何元素表示法表示平面

2. 迹线表示法

空间中的平面与投影面的交线称为平面的轨迹。平面与投影面 V 的交线称为正面轨迹,用 P_V 表示;平面与投影面 H 面的交线称为水平轨迹,用 P_H 表示。既然轨迹 P_V 和 P_H 是属于平面 P 的两条直线,所以也可以用来表示平面。迹线在投影图上的位置形象地反映了该平面对投影面的倾斜状况,如图 4-24 所示。

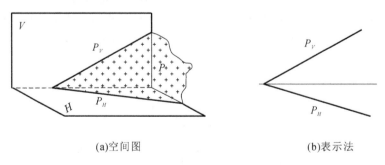

(a)空间图　　　　　　　　　　(b)表示法

图 4-24　用迹线表示法表示平面

二、平面的投影特性

在三投影面体系中,平面按其与投影面的相对位置,可以分为三类(见图 4-25):一般位置平面;投影面垂直面,即垂直于一个投影面的平面;投影面平行面,即平行于一个投影面的平面。后两类统称为特殊位置平面。

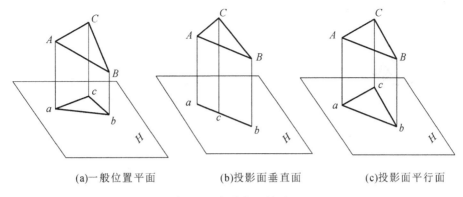

(a)一般位置平面　　　　　(b)投影面垂直面　　　　　(c)投影面平行面

图 4-25　各种位置的平面

1. 一般位置平面

相对于三个投影面都倾斜的平面称为一般位置平面,如图 4-26 所示。

一般位置平面的投影面形状与原平面形状类似,但不能够反映真实尺寸,而且比实形小。

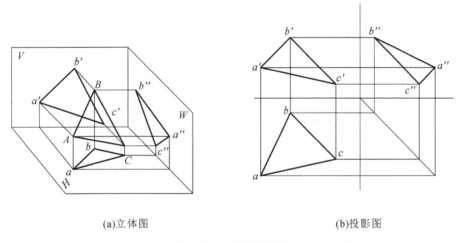

(a)立体图　　　　　　　　　　(b)投影图

图 4-26　一般位置平面

2. 投影面垂直面

垂直于一个投影面而对其他两个投影面倾斜的平面称为投影面垂直面。投影面垂直面分为以下三种:

(1) 铅垂面,垂直于水平投影面的平面;

(2) 正垂面,垂直于正立投影面的平面;

(3) 侧垂面,垂直于侧立投影面的平面。

以铅垂面(见图 4-27)为例说明投影面垂直面的性质。

△ABC 为给定的铅垂面,它具有下列性质:

(1) 铅垂面垂直于水平面,其水平投影积聚为一直线。属于铅垂面的所有点、线的水平投影都属于此积聚直线。

(2) 铅垂面的水平投影和它的水平迹线相重合,水平迹线有积聚性。

(3) 铅垂面的水平投影与 OX 轴的夹角,反映该平面对投影面 V 的倾角 β;铅垂面的水平投影与 OY 轴的夹角,反映该平面对投影面 W 的倾角 γ。

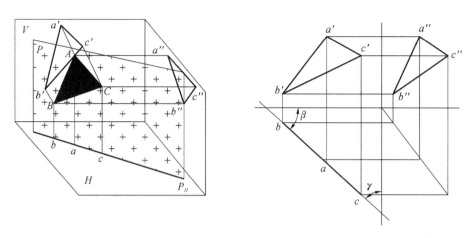

图 4-27 铅垂面

（4）铅垂面倾斜于正立投影面和侧立投影面，所以铅垂面的正面投影和侧面投影有类似性。

正垂面和侧垂面与它的性质类似，如表 4-3 所示。

表 4-3 投影面垂直面

名称	直观图	投影图	投影特性
铅垂面			投影面 H 上的投影积聚成一直线 反映对投影面 V、W 的倾角 β、γ 其余两投影为面积缩小的类似形
正垂面			投影面 V 上的投影积聚成一直线 反映对投影面 H、W 的倾角 α、γ 其余两投影为面积缩小的类似形
侧垂面			投影面 W 上的投影积聚成一直线 反映对投影面 H、V 的倾角 α、β 其余两投影为面积缩小的类似形

3. 投影面平行面

平行于一个投影面，垂直于另外两个投影面的平面称为投影面平行面。投影面平行面分为以下三种：

(1) 水平面，平行于水平投影面的平面；

(2) 正平面，平行于正立投影面的平面；

(3) 侧平面，平行于侧立投影面的平面。

以正平面（见图 4-28）为例说明投影面平行面的性质。

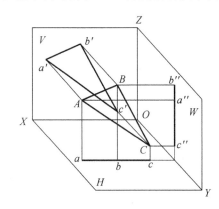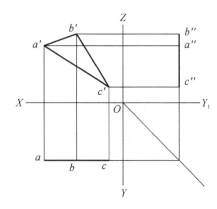

图 4-28　正平面

由于平面 ABC 平行于投影面 V，垂直于投影面 H 和投影面 W，因此其正面投影 $a'b'c'$ 反映其实际形状，水平投影 abc 和侧面投影 $a''b''c''$ 均积聚成直线，且分别平行于 OX 轴、OZ 轴。即它具有如下性质：

(1) 正平面平行于正立投影面，其正面投影反映实形；

(2) 正平面上的一切点、线、图形，其正面投影反映实形；

(3) 正平面垂直于水平投影面和侧立投影面，所以正平面的水平投影和侧面投影各积聚为一直线，且分别平行于投影轴 OX 和 OZ（具有积聚性）；

(4) 正平面的水平投影和侧面投影分别和它的水平轨迹和侧面轨迹相重合。

水平面和侧平面也有类似特性，如表 4-4 所示。

表 4-4　投影面平行面

名称	直观图	投影图	投影特性
水平面			投影面 H 上的投影反映实形 投影面 V 上的投影、投影面 W 上的投影积聚成直线，分别平行于投影轴 OX、OY_1
正平面			投影面 V 上的投影反映实形； 投影面 H 上的投影、投影面 W 上的投影积聚成直线，分别平行于投影轴 OX、OZ

续表

名称	直观图	投影图	投影特性
侧平面	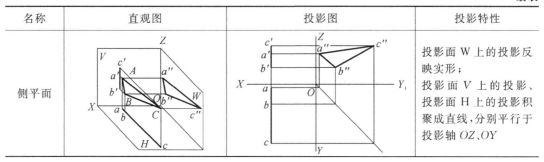		投影面 W 上的投影反映实形； 投影面 V 上的投影、投影面 H 上的投影积聚成直线，分别平行于投影轴 OZ、OY

三、平面上的点和直线

1. 属于一般位置平面的点和线

（1）作属于平面的点，要取自属于该平面的已知直线，如图 4-29 所示。

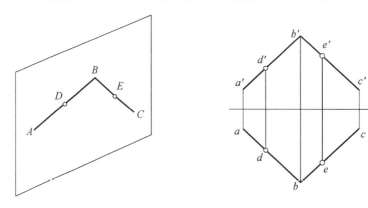

图 4-29　作属于平面的点

（2）取属于平面的直线，要经过属于该平面的已知两点作直线，或经过属于该平面的一已知点作属于该平面的一已知直线的平行线。

例 4-5　已知两相交直线 AB 和 BC 给定一平面，试取属于该平面的任意两直线。

解　作图过程如图 4-30 所示。

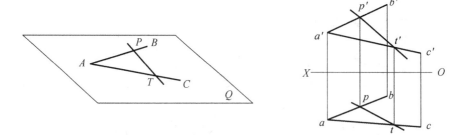

图 4-30　作属于平面的直线

（3）作属于平面的投影面平行线，如图 4-31 所示。

属于平面的投影面平行线，既具有投影面平行线的投影特性，又具有平面上直线的投影特性。

例 4-6　在平面 ABC 上作一水平线 AE。

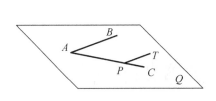
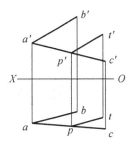

图 4-31　作属于平面的投影面平行线

解　① 过点 a' 作一水平线 $a'e'$ 交 $b'c'$ 于 e'；

② 过 e' 作竖直线交 bc 于 e；

③ 连接 ae，即为平面 ABC 上的水平线，如图 4-32 所示。

2. 过已知直线作平面

（1）过一般位置直线作平面。

过已知直线作平面，可以作无数个平面，如图 4-33 所示。

（2）过特殊位置直线作平面。

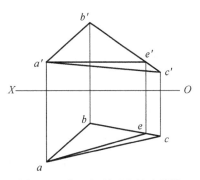

图 4-32　作已知平面内的水平线

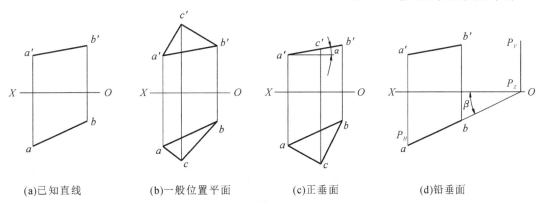

(a)已知直线　　　　(b)一般位置平面　　　　(c)正垂面　　　　(d)铅垂面

图 4-33　过一般位置直线作平面

例 4-7　试过铅垂线 AB 作一平面。

解　经过空间分析可知，过铅垂线 AB 可作一个正平面 P、一个侧平面 Q，并可作无穷多个铅垂面，如图 4-34 所示。

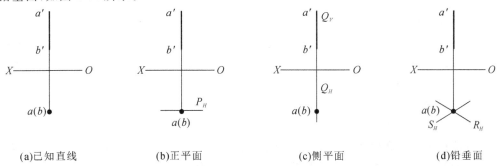

(a)已知直线　　　　(b)正平面　　　　(c)侧平面　　　　(d)铅垂面

图 4-34　过铅垂线作平面

项目五　立体的投影

任务描述

立体包括基本立体、切割体、相贯体和组合体。本项目主要介绍基本立体、切割体和相贯体的投影。

知识目标

（1）了解立体的投影及投影规律；

（2）认识并掌握立体的投影规律。

能力目标

（1）掌握立体的投影表达及其三视图画法；

（2）掌握立体上点、直线、平面的求法；

（3）掌握截交线及相贯线的求法。

课题一　基本立体的投影

立体的形状各种各样，但任何复杂的立体都可以看作由一些简单的几何体，如棱柱、棱锥、圆柱、圆锥、球等组成，这些简单的几何体统称为基本立体。

根据基本立体表面的几何性质，它们可分为平面立体和曲面立体。表面全是平面的立体称为平面立体；表面全是曲面或既有曲面又有平面的立体称为曲面立体。

一、平面立体投影

1. 平面立体的投影

平面立体的各个面都是平面多边形，用三面投影图表示平面立体，可归纳为画出围成立体的各个表面的投影，或者是画出立体上所有棱线的投影。注意作图时可见棱线应画成粗实线，不可见棱线应画成虚线。

1）正五棱柱

如图 5-1 所示，分析正五棱柱。

正五棱柱的顶面和底面平行于投影面 H，在水平面上的投影反映实形且重合在一起，而它们的正面投影及侧面投影分别积聚为水平方向的直线段。

正五棱柱的后侧棱面 EE_1D_1D 为一正平面，在正面上的投影反映实形，EE_1、DD_1 在正面上的投影不可见,其水平投影及侧面投影积聚成直线段。

正五棱柱的另外四个侧棱面都是铅垂面,其水平投影分别汇聚成直线段,而正面投影及侧面投影均为比实形小的类似形。

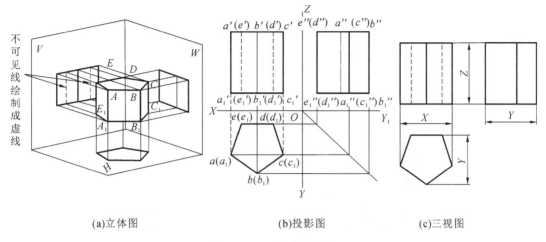

(a)立体图　　　　　　　　(b)投影图　　　　　　　　(c)三视图

图 5-1　正五棱柱的投影

立体图形与投影面的距离不影响各投影图形的形状及它们之间的相互关系。为了作图简便、图形清楚,在以后的作图中省去投影轴。

正五棱柱三视图的作图步骤如图 5-2 所示。

(1) 布置图面,画作图基线,如图 5-2(a)所示;

(2) 画出反映真实形状的面,如图 5-2(b)所示;

(3) 根据投影规律画出其他视图,如图 5-2(c)所示;

(4) 检查整理底稿后,加深三视图的可见线,将不可见线绘制成虚线,如图 5-2(d)所示。

2) 三棱锥

如图 5-3 所示,分析三棱锥。

三棱锥的底面 ABC 平行于投影面 H,水平投影反映真实形状;侧面 BCS 垂直于投影面 V,正面投影为一条直线。作图时应先画出底面 ABC 的三面投影,再作出锥顶 S 的三面投影,然后连接各棱线,完成投影图。棱线可见性则需要通过具体情况进行分析判断。

2. 在平面立体表面上取点

在立体表面上取点,就是根据立体表面上的已知点的一个投影求出它的其他投影。由于平面立体的各个表面均为平面,所以其原理和方法与在平面上取点相同。

1) 在正六棱柱表面上取点

如图 5-4 所示为正六棱柱的三面投影图,正六棱柱的顶面和底面为水平面,前后两侧棱柱面为正平面,其他四个侧棱面均为铅垂面。正六棱柱的前后对称,左右也对称。

已知正六棱柱表面上一点 M 的正面投影 m',正六棱柱底面上点 N 的水平投影 n,求两点的其他投影。求点 M 投影:如图 5-4 所示,首先确定点 M 在哪一个平面上,由于点 M 可见,故点 M 属于正六棱柱左前棱面,此棱面为铅垂面,水平投影具有积聚性,因此可由 m' 向下作辅助线直接求出其水平投影 m,再借助投影关系求出其侧面投影 m''。求点 N 投影:如图 5-4 所示,首先确定点 N 所在平面,水平投影不可见,可知点 N 位于底面,此面是水平面,正面和侧面投影具有积聚性,所以可直接求得点 N 的其他投影。

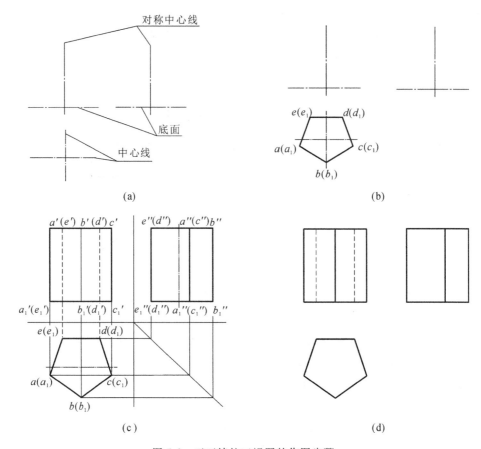

图 5-2　正五棱柱三视图的作图步骤

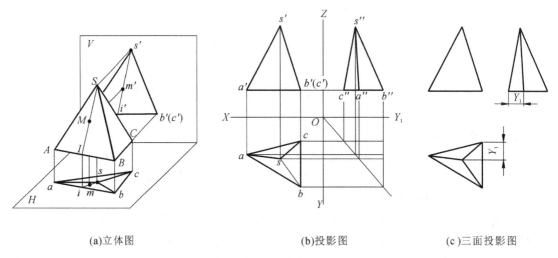

(a)立体图　　　　　　　(b)投影图　　　　　　(c)三面投影图

图 5-3　三棱锥的投影

2）在三棱锥表面上取点

如图 5-5 所示，三棱柱底面 ABC 为水平面，侧面 BCS 为侧垂面。

若已知三棱锥表面上两点 M 和 N 的正面投影，求其水平投影和侧面投影。求点 M 的水平投影和侧面投影：从所给出的点 M 的正面投影不可见，可知点 M 位于平面 BCS 上，平面 BCS 为侧垂面，侧面投影具有积聚性，我们可以直接得出 m''，利用投影关系可求得 m。求

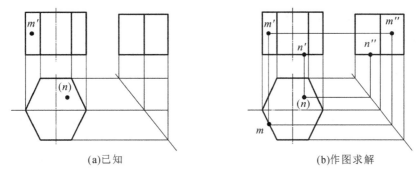

(a)已知   (b)作图求解

图 5-4 在正六棱柱表面上取点

点 N 的水平投影和侧面投影:分析可知点 N 位于平面 SAC 上,可过点 N 作辅助直线 SL,可求得 SL 的水平投影和正面投影,N 为 SL 上的一点,可使用求直线上的点的方法求得点 N 的水平投影,再利用投影关系求得其侧面投影,如图 5-5 所示。

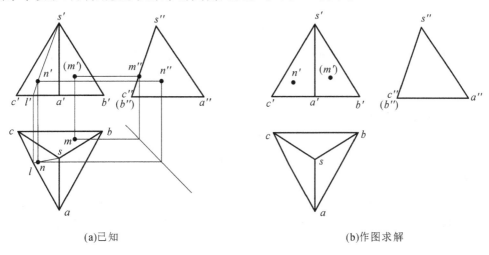

(a)已知   (b)作图求解

图 5-5 在三棱锥表面上取点

二、曲面立体投影

常见的曲面立体有圆柱、圆锥、球、圆环等,这些立体的表面都是回转面,因此它们又被称为回转体。

回转面的形成如图 5-6 所示。

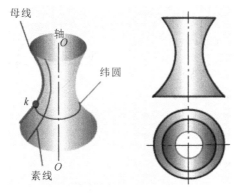

图 5-6 回转面的形成

回转面是由一条母线（直线或是曲线）绕某一轴线旋转一周而形成的曲面。母线在回转过程中的任意位置称为素线。母线各点运行轨迹皆为圆,称为纬圆,纬圆所在平面垂直于回转体轴线。

圆柱:由圆柱面和两底圆平面组成。圆柱面是一直线绕与之平行的轴线旋转一周而成的。

圆锥:由圆锥面和底圆平面组成。圆锥面是由母线绕与它端点相交的轴线旋转一周而成的。

球:由球面围成。球面是一个圆母线绕过其圆心且在同一平面上的轴线旋转一周而成的。

圆环:由圆环面围成。圆环面是由一个圆母线绕不通过其圆心但在同一平面上的轴线旋转一周而成的。

1. 曲面立体的投影

1）圆柱

如图 5-7 所示为三投影面体系中的圆柱,分析可知:

（1）圆柱的上下底面为水平面,故水平投影为圆,反映真实图形,而其正面投影、侧面投影为直线。

（2）圆柱面水平投影积聚为圆,正面投影和侧面投影为矩形,矩形的上、下两边分别为圆柱上下底面的积聚投影。

（3）最左侧素线 AA_1 和最右侧素线 BB_1 的正面投影分别为 $a'a_1'$ 和 $b'b_1'$,又称圆柱面对投影面 V 的投影的轮廓线。AA_1 与 BB_1 的正面投影与圆柱轴线的正面投影重合,画图时不需要表示。

（4）最前素线 CC_1 和最后素线 DD_1 的侧面投影分别为 $c''c_1''$ 和 $d''d_1''$,又称圆柱面对投影面 W 的投影的轮廓线。CC_1 与 DD_1 的正面投影与圆柱轴线的正面投影重合,画图时不需要表示。

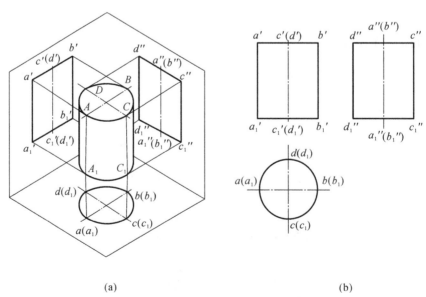

(a)　　　　　　　　　　　　　(b)

图 5-7　圆柱的投影

作图时应先用点画线画出轴线的各个投影及圆的对称中心线,然后绘制反映圆柱底面实形的水平投影,最后绘制正面投影和侧面投影。

2）圆锥

如图 5-8 所示为三面投影体系中的圆锥,分析可知:

（1）圆锥的水平投影为一个圆,这个圆既是圆锥平行于投影面 H 的底圆的实形,又是圆锥面的水平投影。

（2）圆锥面的正面投影与侧面投影都是等腰三角形,三角形的底边为圆锥底圆平面的积聚投影。

（3）正面投影中三角形的左右两腰 $s'a'$ 和 $s'b'$ 分别为圆锥面上最左素线 SA 和最右素线 SB 的正面投影,又称为圆锥面对投影面 V 的投影的轮廓线。SA 和 SB 的侧面投影与圆锥轴线的侧面投影重合,画图时不需要表示。

（4）侧面投影中三角形的前后两腰 $s''c''$ 和 $s''d''$ 分别为圆锥面上最前素线 SC 和最后素线 SD 的侧面投影,又称为圆锥面对投影面 W 的投影的轮廓线。SC 和 SD 的正面投影与圆锥轴线的正面投影重合,画图时不需要表示。

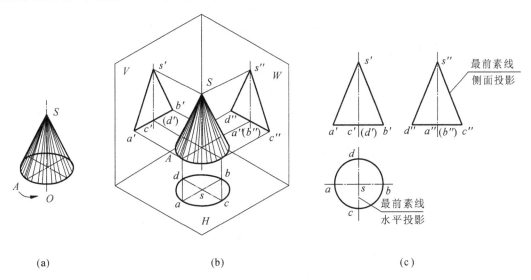

(a)　　　　　　　　(b)　　　　　　　　(c)

图 5-8　圆锥的投影

作图时应首先用点画线画出轴线的各个投影及圆的对称中心线,然后画出反映圆锥底面实形的水平投影,再完成圆锥的其他投影,最后加深可见线。

3）球

如图 5-9 所示为三投影面体系中的球,分析可知:

球的三面投影均为大小相等的圆,其直径等于球的直径,但三个投影面上的圆是不同转向线的投影。

正面投影 a' 是球面平行于投影面 V 的最大圆 A 的投影（区分前、后半球表面的外形轮廓线）;

水平投影 b 是球面平行于投影面 H 的最大圆 B 的投影（区分上、下半球表面的外形轮廓线）;

侧面投影 c'' 是球面平行于投影面 W 面的最大圆 C 的投影（区分左、右半球表面的外形轮廓线）。

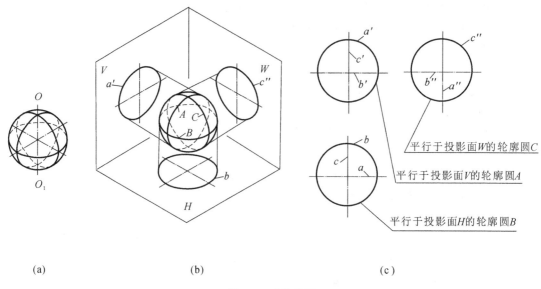

(a)　　　　　　　　　　　(b)　　　　　　　　　　　(c)

图 5-9　球的投影

作图时首先用点画线画出各投影的对称中心线,然后画出与球等直径的圆。

2. 在曲面立体表面上取点

1)在圆柱表面上取点

如图 5-10 所示,已知圆柱表面上的一点 K 在正面上的投影为 k',现作它的其余二投影。

由于圆柱面的水平投影有积聚性,因此点 K 的水平投影应在圆周上,因为 k' 可见,所以点 K 在前半个圆柱上。由此得到 K 的水平投影 k,然后根据 k'、k 便可求得点 K 的侧面投影 k''。因点 K 在右半圆柱上,k'' 不可见,应加括号表示不可见性。

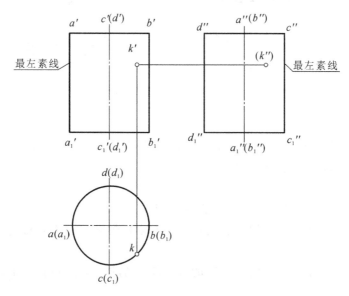

图 5-10　在圆柱表面上取点

2)在圆锥表面上取点

由于圆锥的三个投影都没有积聚性,因此,根据圆锥面上点的一个投影求作该点的其他投影时,必须借助于圆锥面上的辅助线。做辅助线的方法有两种,如图 5-11 所示。

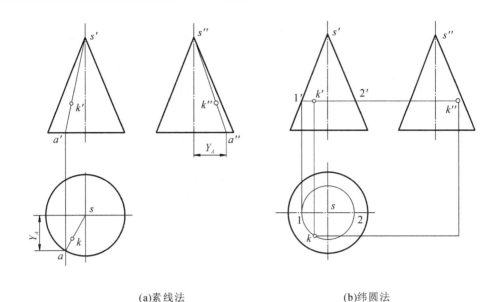

(a)素线法　　　　　　　　　　　　(b)纬圆法

图 5-11　在圆锥表面上取点

（1）素线法：过锥顶作辅助素线。

已知圆锥面上的一点 K 的正面投影 k'，求作它的水平投影 k 和侧面投影 k''。步骤如下：

① 在圆锥面上过点 K 及锥顶 S 作辅助素线 SA，即过点 K 的已知投影 k' 作 $s'a'$，并求出其水平投影 sa；

② 按"宽相等"关系求出侧面投影 $s''a''$；

③ 判断可见性：根据点 k' 在直线 SA 上的位置求出 k 及 k'' 的位置，点 K 在左半圆锥上，所以 k'' 可见。

（2）纬圆法：用垂直于回转体轴线的平面截切回转体，其交线一定是圆，称为纬圆，通过纬圆求解点的位置的方法称为纬圆法。

已知圆锥面上的一点 K 的正面投影，求解其他两个投影。步骤如下：

① 在圆锥面上过点 K 作水平纬圆，其水平投影反映真实形状，过 k' 作纬圆的正面投影 $1'2'$，即过 k' 作轴线的垂线 $1'2'$；

② 以 $1'2'$ 为直径，以 s 为圆心画圆，求得纬圆的水平投影 12，则 k 必在此圆周 12 上；

③ 由 k' 和 k 通过投影关系求得 k''。

3）在球面上取点

由于圆的三个投影都无积聚性，因此在球面上取点、线时，除特殊点可直接求出外，其余均需用辅助圆画法，并注明可见性。

如图 5-12 所示，已知圆球和球面上一点 M 的水平投影 m，求点 M 的其余两个投影。步骤如下：

① 根据 m 可确定点 M 在上半球面的左前部，过点 M 作一平行于投影面 V 的辅助圆，m' 一定在该圆周上，求得 m'，由点 M 在前半球上可知 m' 可见；

② 由 m' 及 m 根据三面投影关系求得 m''，由点 M 在左半球上可知 m'' 可见。

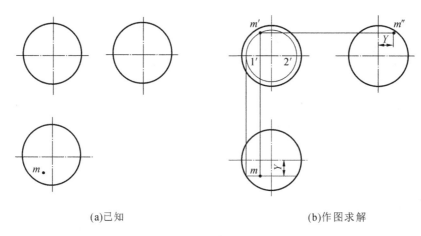

(a)已知　　　　　　　　　　　　　(b)作图求解

图 5-12　在球面上取点

课题二　截　交　线

实际的零件往往不是完整的基本立体,而是被一个或几个平面截切掉一部分的情况。基本立体被平面截切后的剩余部分称为切割体,其中立体被截切后的断面图形称为截断面,截切基本立体的平面称为截平面,截平面与基本立体表面的交线称为截交线。

一、平面与平面立体相交

平面与平面立体的截交线具有下列性质:

(1) 平面立体的截交线是截平面与平面立体表面的共有线,截交线上的点是截平面与立体表面的共有点;

(2) 由于平面立体的表面都具有一定的范围,因此截交线通常是封闭的平面多边形;

(3) 多边形的各顶点是平面立体的各棱线或边与截平面的交点,多边形的各边是平面立体的棱边与截平面的交线,或是截平面与截平面的交线。

平面立体被单个或多个平面截切后,既具有平面立体的形状特性,又具有截平面的平面特性。因此在看图或画图时,一般应先从反映平面立体特征视图的多边形出发,想象出完整的平面立体形状并画出其投影,然后再根据截平面的空间位置,想象出截平面的形状并画出投影。对于平面立体上的切口,常利用平面特性中"类似形"这一投影特性来作图。

如图 5-13 所示,已知被平面 P 截切的三棱锥,完成它的其余视图绘制,分析如下。

不难看出,截平面与三棱锥的三个棱边均有一个交点,截交线是一个三角形,找出三个点在各投影中的位置就可以绘制出截面投影。步骤如下:

(1) 设 p' 与 $s'a'$、$s'b'$、$s'c'$ 的交点 $1'$、$2'$、$3'$ 为截平面与各棱线的交点 Ⅰ、Ⅱ、Ⅲ 的正面投影;

(2) 根据线上取点的方法,求出 1、2、3 和 $1''$、$2''$、$3''$;

(3) 连接各点的同面投影,即为截交线的三个投影;

(4) 补全棱线的投影,加深视图。

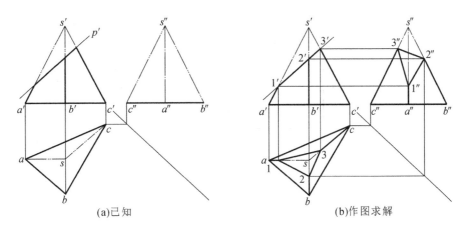

(a)已知   (b)作图求解

图 5-13 三棱锥被平面截切

二、平面与曲面立体相交

曲面立体的截交线,一般情况下是一条封闭的平面曲线。作图时,须先求出若干个共有点的投影,然后用曲线将它们依次光滑地连接起来,即为截交线的投影。截交线的形状由曲面立体表面的性质和截平面与曲面立体的相对位置决定。

1. 平面与圆柱相交

平面与圆柱相交,根据截平面与圆柱轴线的相对位置不同,截交线的形状有三种情况,如表 5-1 所示。

表 5-1 平面与圆柱的截交线

截平面的位置	平行于轴线	垂直于轴线	倾斜于轴线
截交线的形状	矩形	圆	椭圆
立体图			
投影图			

例 5-1 圆柱被一正垂面所截切,已知主视图和俯视图,求左视图。

解 分析:圆柱被正垂面截切,截交线是一椭圆。此截交线椭圆的正面投影积聚为一直线,水平面投影积聚在圆周上,侧面投影是椭圆,需要求出,如图 5-15 所示。

作图:先画出完整的圆柱的左视图,再求截交线的侧面投影。

步骤如下:

(1)求特殊点。特殊点主要是转向轮廓线上的共有点,截交线上最高、最低、最前、最后、最左、最右的点,以及能决定截交线形状特性的点,如椭圆长短轴端点等。

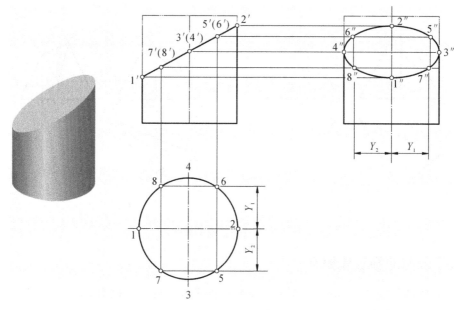

图 5-14　圆柱被一正垂面截切

Ⅰ、Ⅱ为椭圆的短轴端点，Ⅲ、Ⅳ为椭圆的长轴端点，点Ⅰ和点Ⅱ分别位于圆柱的最左和最右素线上，Ⅰ为最低点，Ⅱ为最高点。点Ⅲ和点Ⅳ分别位于圆柱的最前和最后素线上。它们的正面投影 $1'$、$2'$、$3'$、$4'$ 和水平投影 1、2、3、4 可直接标出来。由两投影可求出侧面投影 $1''$、$2''$、$3''$、$4''$。

（2）求一般点。为使作图准确，还须作出若干一般点。在特殊点之间再找几个一般点如Ⅴ、Ⅵ、Ⅶ、Ⅷ，根据它们的正面投影 $5'$、$6'$、$7'$、$8'$ 和水平投影 5、6、7、8 可求出侧面投影 $5''$、$6''$、$7''$、$8''$。

（3）判断可见性、连线。用曲线板依次光滑连接各点的侧面投影，即得截交线的侧面投影。

（4）加深侧投影面的轮廓线至 $3''$、$4''$，完成截交线的侧面投影。

例 5-2　完成如图 5-15 所示立体图的三视图。

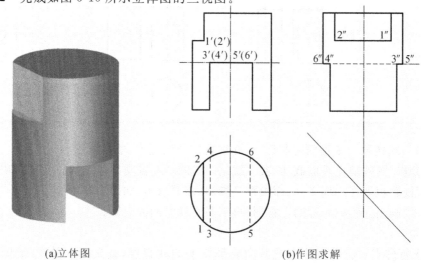

　　(a)立体图　　　　　　　　　　　　　　(b)作图求解

图 5-15　圆柱被平面截切

解 分析：圆柱面被与其轴线平行的平面所截切，截交线为一对与轴线平行的直线，如图5-15所示。

作图步骤如下：

(1) 画出圆柱的三面投影图。

(2) 按五个截平面的实际位置，画出它们的正面投影。

(3) 按投影关系，作出截平面的水平投影。

(4) 由 V、H 两面投影求侧面投影。求各水平面的侧面投影：两水平面的侧面投影积聚为水平线段 $1''2''$ 和 $5''6''$。求各铅垂面的侧面投影：各侧面投影为矩形。

(5) 判断可见性。

(6) 加深线型。

2. 平面与圆锥相交

平面与圆锥相交，根据截平面与圆锥的相对位置不同，截交线有五种情况，如表 5-2 所示。

表 5-2 平面与圆锥的截交线

截平面的位置	垂直于轴线	倾斜于轴线	平行于轴线	平行于一条素线	过锥顶
截交线的形状	圆	椭圆	双曲线和直线段	抛物线和直线段	两相交直线
立体图					
投影图					

例 5-3 已知圆锥被正垂面截切，根据图 5-16 中已经完成的水平投影画出侧面投影。

解 分析：正垂面截平面与圆锥的轴线倾斜，且截平面与圆锥轴线的夹角大于圆锥顶角的一半，所以截交线是一个椭圆，且截交线椭圆的正面投影与截平面的积聚投影直线重合，即截交线的正面投影已知，截交线的水平投影和侧面投影均为椭圆，但不反映实形。可应用在圆锥表面上取点的方法，求出椭圆上诸点的水平投影和侧面投影，然后将它们依次光滑连接，如图 5-16 所示。

作图步骤如下：

(1) 求特殊点。由正面投影可知，$1'$、$2'$ 分别是截交线上的最低（最左）、最高（最右）点 Ⅰ、Ⅱ 的正面投影，它们也是圆锥面最左、最右素线上的点，也是空间椭圆的长轴端点；取 $1'2'$ 的中点，即得空间椭圆短轴两端点 Ⅲ、Ⅳ 的重合的正面投影 $3'(4')$；$5'(6')$ 则是截交线上在圆锥最前、最后素线上的点 Ⅴ、Ⅵ 的正面投影。根据在圆锥表面上取点的方法，可分别求出这

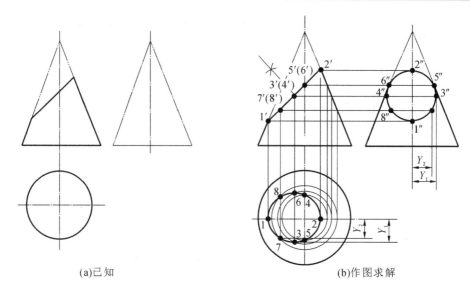

(a)已知　　　　　　　　　　　(b)作图求解

图 5-16　圆锥被一正垂面截切

六个特殊点的水平投影和侧面投影。

（2）求一般点。为了准确地画出截交线的投影，可求作一般点Ⅶ、Ⅷ，它们的正面投影重合，再根据纬圆法求出它们的水平投影和侧面投影。

（3）判别可见性并连线。圆锥的上面部分被截切掉，截平面左低右高，截交线的水平投影和侧面投影均可见，用粗实线依次光滑地连接各点的同面投影即可。

（4）分析圆锥的外形轮廓线。圆锥最前、最后两根素线的上部均被截切掉了，其侧面投影应画到截切点 $5''$、$6''$ 为止。圆锥的底面圆没有被截切，其侧面投影是完整的，用粗实线画出。

例 5-4　求铅垂面 P_H 与圆锥的截交线。

解　分析：铅垂面 P_H 垂直于圆锥轴线，截交线为双曲线，它的水平投影积聚成一直线，而其正面投影和侧面投影为双曲线的类似形。另根据圆锥的投影特性可知，截交线（位于前半圆锥）的正面投影全部可见，截平面 P_H 与最前素线的交点 D 为截交线侧面投影可见性的分界点，位于右半圆锥面上的截交线未截切前为不可见，如图 5-17 所示。

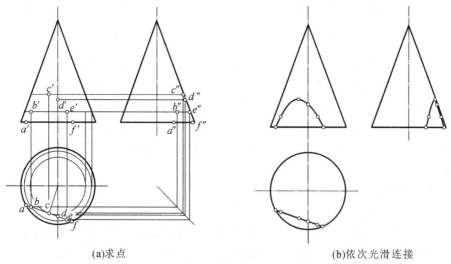

(a)求点　　　　　　　　　　　(b)依次光滑连接

图 5-17　作铅垂面与圆锥的截交线

作图步骤如下:

(1)先求特殊点,即截平面 P_H 与底平面、圆锥的最前轮廓素线的交点 A、F、D 和最高点 C,其中最高点 C 的求法是过圆心作圆与截平面 P_H 相切,切点即为最高点 C 的水平投影 c,据 c 求出 c'、c''。

(2)采用纬圆法求一般点 B、E 的投影。

(3)最后将所求各点同面投影依次光滑连接起来,并判别其可见性。

3. 平面与球相交

无论截平面处于何种位置,它与球的截交线总是圆。截交线的投影并不一定是圆形,投影跟截平面与投影面的相对位置有关,有可能是圆、椭圆、直线,如表 5-3 所示。

表 5-3 平面与球相交的截交线

截平面的位置	平行于投影面	垂直于投影面	一般位置
截交线形状	圆		
立体图	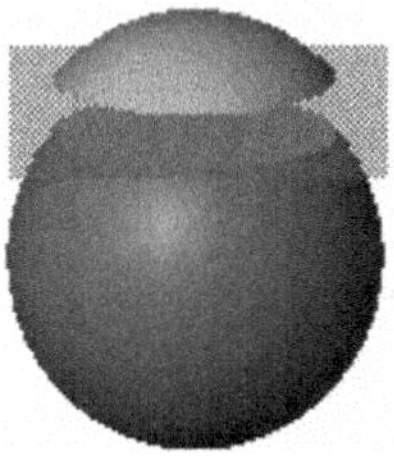	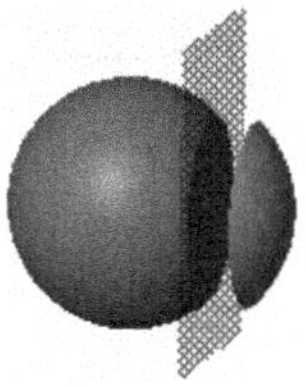	
投影图	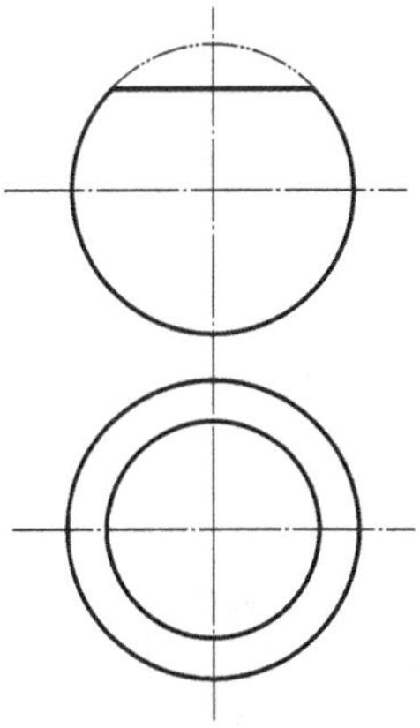	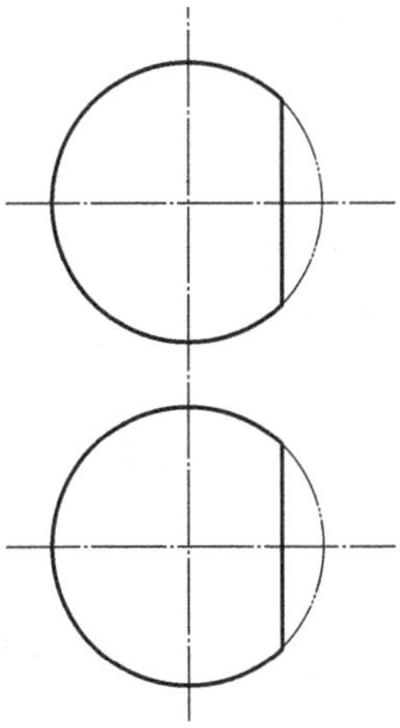	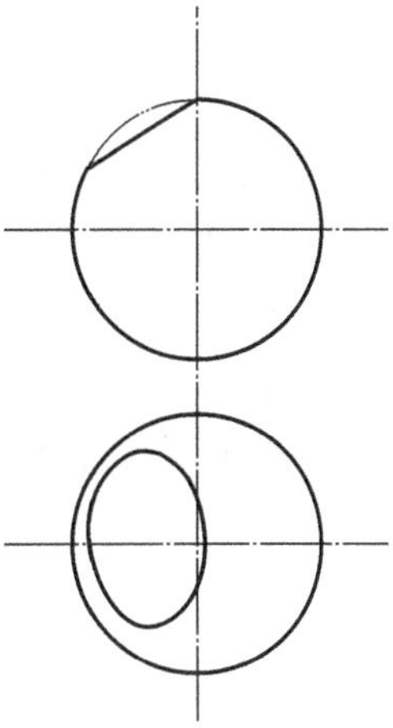

例 5-5 球被正垂面所截,已知其主视图,画出俯视图和左视图。

解 分析:根据截平面与投影面的相对位置可知,其截交线为圆。正垂面截切圆球,其正面投影积聚为一直线,水平投影和侧面投影是椭圆,如图 5-18 所示。

作图步骤如下:

(1)求特殊点。由图可知,1、2 是球面相对于投影面 V 转向轮廓线上的点,也是截交线上的最高、最低点。它们还是截交线的水平投影和侧面投影的椭圆短轴。可直接由正面投影 $1'$、$2'$,求得 1、2 及 $1''$、$2''$。椭圆的长轴,垂直平分 12。作 $1'2'$ 的垂直平分线求 $3'$、$4'$。过 $3'$、$4'$ 取水平面作为辅助平面,求出 3、4 和 $3''$、$4''$。

(2)采用纬圆法,取一系列水平面作为辅助平面,求一般点。

(3)判断可见性,连线画出截交线的投影,加深各转向轮廓线。

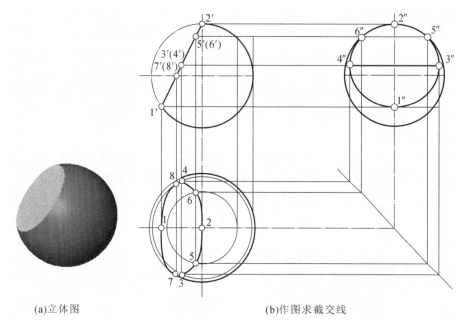

(a)立体图　　　　　　　　　　　　(b)作图求截交线

图 5-18　球被一正垂面截切

课题三　相　贯　线

相贯体是指两相交的立体,其表面的交线称为相贯线,如图 5-19 所示。由于立体分为平面立体和曲面立体,故两立体相交可分为三种情况:

(1) 平面立体与平面立体相交,相贯线一般是空间折线;

(2) 平面立体与曲面立体相交,相贯线是若干段平面曲线或直线;

(3) 两曲面立体相交,相贯线一般为封闭的空间曲线。

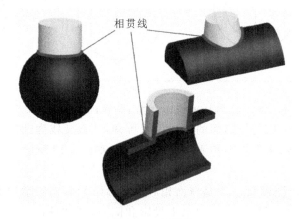

图 5-19　相贯线

相贯线是相交两立体表面的共有线,由两立体表面的一系列共有点组成,因此求解相贯线的作图可以归结为找共有点的作图。

本课题主要讨论两回转体正交的相贯线及作图方法。

一、利用积聚性求相贯线

两圆柱相贯或圆柱与其他回转体相贯时,如果圆柱的轴线垂直于某投影面,则圆柱面在这个投影面上的投影有积聚性。利用这个投影,按照曲面立体表面取点的方法,可求出相贯线的其他两面投影。

例 5-6　求作轴线正交的两圆柱的相贯线。

解　分析:两圆柱的轴线垂直相交且有公共的前后、左右对称面,铅垂的小圆柱全部穿进大圆柱,因此,相贯线是一条前后、左右对称的封闭的空间曲线。相贯线的水平投影与铅垂圆柱面的水平投影重合,侧面投影与侧垂圆柱面投影的一段圆弧(被小圆柱轮廓素线包围的那一段)重合。需要作的是相贯线的正面投影,可利用在圆柱表面上取点的方法,如图 5-20 所示。

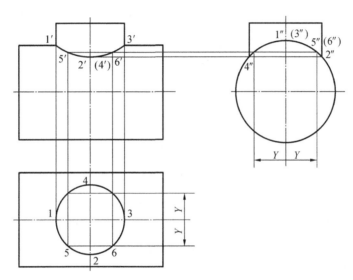

图 5-20　两正交圆柱的相贯线

作图步骤如下。

(1) 求特殊点:先在相贯线的水平投影上,定出最左、最右点Ⅰ、Ⅲ的水平投影 1、3,并找出其侧面投影 1″(3″),可知点Ⅰ、Ⅲ也是侧垂圆柱面最上素线与铅垂圆柱面最左、最右素线的交点。再定出相贯线的最前、最后点Ⅱ、Ⅳ的水平投影 2、4 及其侧面投影 2″、4″,点Ⅱ、Ⅳ也是铅垂圆柱面最前、最后素线上的点。由 1、2、3、4 可根据投影关系求出 1′、2′、3′、4′。可以看出,点Ⅰ、Ⅲ和Ⅱ、Ⅳ分别是相贯线上的最高和最低点。

(2) 求一般点:在相贯线的侧面投影上,取左右对称的点Ⅴ、Ⅵ的侧面投影 5″(6″),再根据在圆柱表面上取点的方法,分别求出其水平投影 5、6 和正面投影 5′、6′。

(3) 判别可见性并光滑连线:相贯线前后对称,其正面投影可见和不可见部分的投影重合。按水平投影各点的顺序,将相贯线的正面投影连接成光滑的粗实线曲线。

二、利用辅助平面法求相贯线

假想用一辅助平面截切相贯两立体,则辅助平面与两立体表面都产生截交线。截交线的交点既属于辅助平面,又属于两立体表面,是三面共有点,即相贯线上的点。利用这种方法求出相贯线上的若干点,依次光滑连接起来,便是所求的相贯线。这种方法称为三面共点辅助平面法,简称辅助平面法。

用辅助平面法求相贯线时,要选择合适的辅助平面,以便简化作图。选择的原则是:辅助平面与两曲面立体的截交线投影是简单易画的图形——由直线或圆弧构成的图形。

例 5-7　求作轴线正交的圆柱与圆锥的相贯线。

解　分析:圆柱体完全穿进圆锥体,其相贯线为一封闭、光滑的空间曲线。由于两立体垂直相交,且前后对称,圆柱的轴线垂直于侧面,它的侧面投影积聚为圆,所以相贯线的侧面投影也积聚在此圆上。相贯线的水平投影和正面投影前后对称,可利用辅助平面法求出。作辅助平面 S, S_V 同时与两立体相交,其截交线分别为水平圆和两直线,它们的交点 Ⅴ、Ⅵ 即为相贯线上的点,如图 5-21 所示。

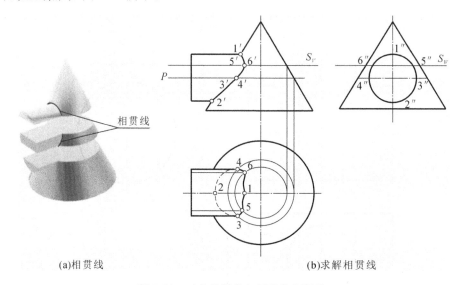

(a)相贯线　　　　　　　　　　　　　　　(b)求解相贯线

图 5-21　正交的圆柱与圆锥的相贯线

作图步骤如下。

(1) 求特殊点:最高点 Ⅰ、最低点 Ⅱ,可在正面投影和侧面投影上直接求出 $1'$、$2'$ 和 $1''$、$2''$,Ⅰ、Ⅱ 的水平投影也可直接求出。在正面投影上作辅助平面 P,求出平面 P 与圆锥面的截交线的水平投影圆,平面 P 与圆柱面截交线的水平投影为两直线,它们的交点 3、4 即为水平投影。由 3、4 可求出 $3'$、$4'$。

(2) 求一般点:作一系列辅助平面,每个辅助平面可求出两个一般点。

(3) 判别可见性并光滑连线:对某一投影面来说,只有同时位于两个可见表面上的点才是可见的。本例中5、1、6 各点在圆柱的上半个表面上,均可见,其连线画成粗实线;3、2、4 各点在圆柱的下半个表面上,均不可见,其连线画成虚线,即得相贯线的水平投影。光滑连接各共有点的正面投影,完成作图。将所求各点的正面投影依次光滑连接,即得相贯线的正面投影。

三、相贯线的特殊情况及投影趋势

1. 相贯线的特殊情况

一般情况下,两回转体的相贯线是空间曲线,但在某些特殊情况下也可能是平面曲线或直线。

(1)轴线平行的两圆柱或共顶点的两圆锥相交,其相贯线为直线,如图 5-22 所示。

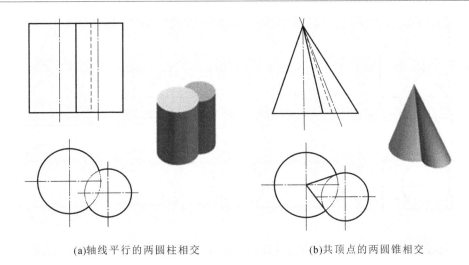

(a)轴线平行的两圆柱相交　　　　　(b)共顶点的两圆锥相交

图 5-22　相贯线为直线

（2）同轴的回转体相交时，相贯线为垂直于回转轴线的圆，如图 5-23 所示。

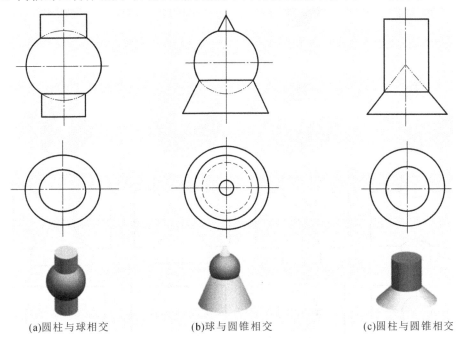

(a)圆柱与球相交　　　(b)球与圆锥相交　　　(c)圆柱与圆锥相交

图 5-23　相贯线为圆

（3）轴线相交的圆柱、圆锥相交，若它们公切于一个球面，则其相贯线为两条平面曲线椭圆。当两立体的相交轴线同时平行于某投影面时，此二椭圆曲线在该投影面上的投影为直线，如图 5-24 所示。

2. 正交圆柱相贯线的变化趋势

两圆柱直径比值的改变，会引起相贯线的性质、弯曲程度和走向发生变化，相贯线的变化趋势如图 5-25 所示。

由此我们可以总结出：两正交圆柱相贯线的水平投影与直立圆柱面的水平投影重合，而相贯线的正面投影在一般情况下为曲线，并总是向大圆柱轴线方向弯曲。两圆柱直径越接近，弯曲就越明显；当两圆柱直径相等时，该曲线变为直线。

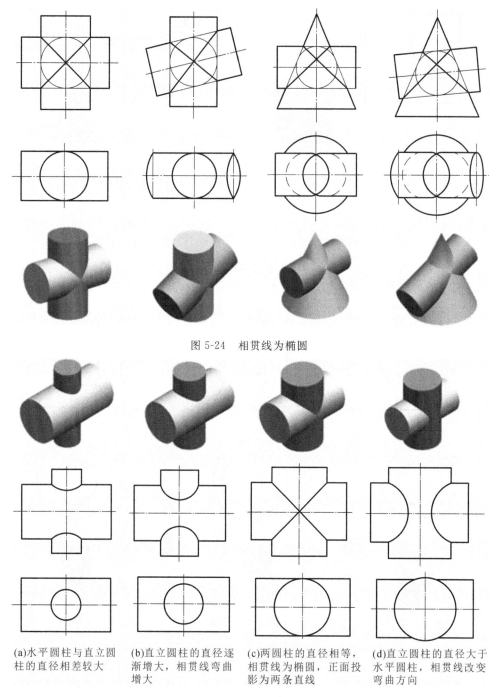

图 5-24　相贯线为椭圆

(a)水平圆柱与直立圆柱的直径相差较大

(b)直立圆柱的直径逐渐增大，相贯线弯曲增大

(c)两圆柱的直径相等，相贯线为椭圆，正面投影为两条直线

(d)直立圆柱的直径大于水平圆柱，相贯线改变弯曲方向

图 5-25　两正交圆柱相贯线

项目六 组 合 体

 任务描述

任何复杂的机械零件,在不考虑其工程特性(例如螺纹、倒角等特性)时,从形体角度看,都可以看成由一些简单的基本体按照叠加、切割等方式组合在一起的,可称为组合体。

本项目主要介绍组合体的构造、形体分析法,以及如何画图、标注尺寸、看图等问题。

 知识目标

(1) 学习组合体的组合形式;
(2) 学习组合体视图的画法以及尺寸注法;
(3) 掌握组合体的读图方法。

 能力目标

(1) 掌握绘制组合体的三视图的方法并学会正确标注尺寸;
(2) 会读组合图的三视图,培养空间立体思维能力。

课题一 组合体的组合方式及形体分析

一、组合体的组合方式

组合体的组合方式可以分为叠加和切割两种。

叠加式组合体是由一些基本体叠加而成的,如图 6-1 所示。

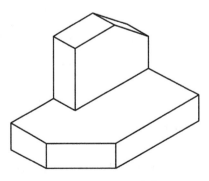

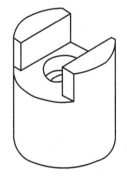

图 6-1 叠加式组合体   图 6-2 切割式组合体

切割式组合体可以看成由基本体经过切割形成的,如图6-2所示。

在很多组合体的形成过程中,叠加和切割同时出现。由基本体叠加后,在此基础上再切割形成组合体。

二、组合体的形体分析

1. 形体分析法的概念

将组合体分解成若干个基本体,并对基本体的形状和位置关系进行分析,最后综合分析组合体的方法,称为形体分析法。

在进行形体分析时,要把一个复杂的整体拆分成简单的基本体,这也是画图、读图和标注尺寸时要使用的分析方法。如图6-3所示的支架,可看作以叠加方式组合而成的,可将其分解为五部分:垂直圆筒、水平圆筒、底板、耳板和肋板。

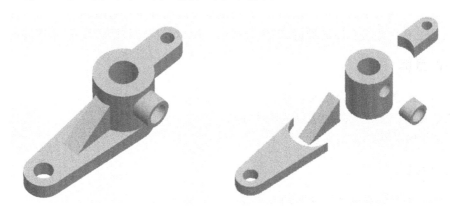

图 6-3 支架的形体分析

2. 组合体上相邻表面的连接关系

组合体上相邻表面的连接关系有平齐、不平齐、相切和相交四种。

(1)相邻两表面平齐或不平齐。

如图6-4所示,两相邻表面平齐时,主视图投影中无分界线;不平齐时,主视图投影中在两基本体分界处应有线隔开。

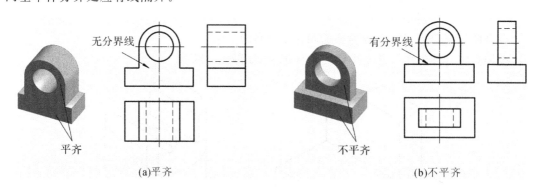

(a)平齐　　　　　　　　　　　　　　　(b)不平齐

图 6-4 相邻表面平齐或不平齐

(2)相邻两表面相切或相交。

如图6-5所示,两相邻表面相切时,主视图投影中不画切线的投影;相交时,主视图投影中在相交处画出交线的投影。

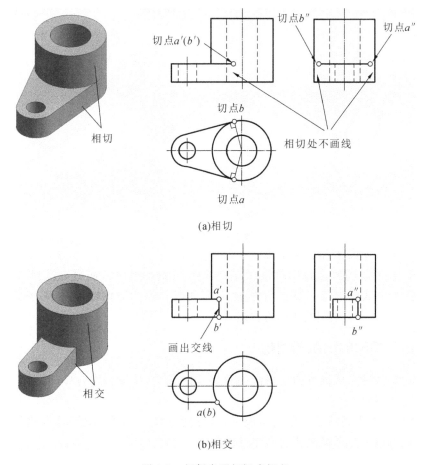

图 6-5 相邻表面相切或相交

课题二 组合体视图的画法

画组合体视图就是利用投影规律把组合体画成二维三视图的过程。在画图时按照以下步骤进行。

一、形体分析

在进行组合体形体分析时,将组合体分解成若干个基本体,并根据组合的结构确定基本体之间的组合关系以及相邻表面之间的关系。如图 6-6 所示,可以将轴承座分为凸台Ⅰ、水平圆筒Ⅱ、支撑板Ⅲ、肋板Ⅳ和底板Ⅴ等五部分。

二、确定主视图

通过形体分析确定了基本体和各相邻表面之间的关系之后,要确定主视图,包括确定组合体的安放位置和主视图的投影方向。确定了主视图就等于确定了其他两个视图。

在选择组合体的安放位置时,要使组合体的主要平面以及轴线平行或者垂直于基本投影面。一般选择能够表示组合体特征最多的那个视图作为主视图,并尽可能少地出现虚线,

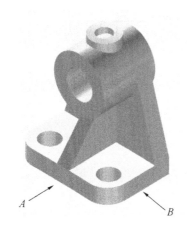 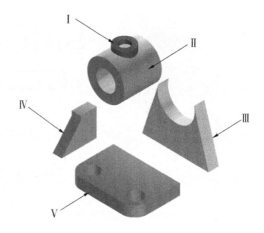

图 6-6　轴承座

尽量使视图中的长度尺寸大于宽度尺寸。

如图 6-6 中所示，选择主视图的投影方向时有 A 和 B 两个方向可以选择，以 A 方向投影得到的视图能够表示的特征要比 B 方向多，例如组合体的对称性、各相邻表面的关系等，所以选择 A 方向作为主视图的投影方向较好。

三、确定三视图的比例和图幅

确定了组合体的安放位置和主视图的投影方向之后，要根据组合体的大小和复杂程度确定画图比例和图幅。

在画图时，在能表达清楚视图的情况下，尽可能选择 1∶1 的比例，这样比较易于画图。根据选定的比例确定三个视图所需的图纸幅面。

四、画三视图

1. 选比例、定图幅

首先分析组合体的形体关系，选定主视图的投影方向，选比例，定图幅，然后在图纸上画出边框和标题栏。

2. 画基准线

根据组合体长、宽、高三个方向的尺寸大小，确定并画出主视图、俯视图和左视图的中心线和基准线，确定三个视图在长度和宽度两个方向上所占的图幅范围，并在布置时留出尺寸标注的位置，保证三个视图在整张图纸上的布置比较匀称，如图 6-7(a) 所示。

3. 画出各形体的三视图的底稿

用细实线画出三视图的底稿。画图时，先画主要特征，再画次要特征；先画主要轮廓，再画内部细节，如图 6-7(b)～(e) 所示。

4. 检查，加深轮廓线

检查时特别注意相邻表面之间的关系是否表达清楚了，不可见部分是否用细虚线表达清楚了。检查无误后，擦去多余的作图线，按照规定的线型加深、描粗，回转体要画出轴线，如图 6-7(f) 所示。

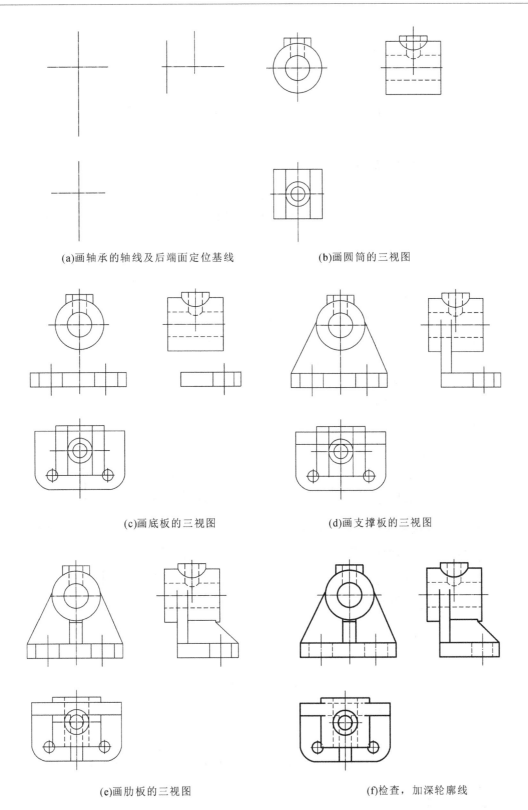

(a)画轴承的轴线及后端面定位基线   (b)画圆筒的三视图

(c)画底板的三视图   (d)画支撑板的三视图

(e)画肋板的三视图   (f)检查，加深轮廓线

图 6-7 绘制轴承座的三视图

课题三 组合体的尺寸标注

三视图只能表示视图的形状和结构,组合体的准确形状和真实大小要通过尺寸标注来确定。

一、组合体尺寸标注的基本要求

(1) 标注正确:尺寸的标注要遵守国家标准关于尺寸标注的规定,每个尺寸要正确。

(2) 标注完整:尺寸标注必须完整,要能够让读图者确定组合体所有尺寸,不要出现遗漏和重复。

组合体的尺寸包括三类:定形尺寸、定位尺寸和总体尺寸。

① 定形尺寸:用于确定每个基本体的形状和大小的尺寸。圆的半径、直径以及形体的长、宽、高三个方向的尺寸都是定形尺寸。

② 定位尺寸:用于确定基本体之间的相对位置的尺寸。

③ 总体尺寸:用于确定组合体的总长度、总宽度和总高度的尺寸。

如图 6-8 所示,(a)中标注的圆的直径、半径及形体的长、宽、高等尺寸都是定形尺寸,(b)中所标注的两圆心之间的距离、圆心距底面的距离等尺寸都是定位尺寸。

在标注定形尺寸和总体尺寸时必须要先确定尺寸基准。

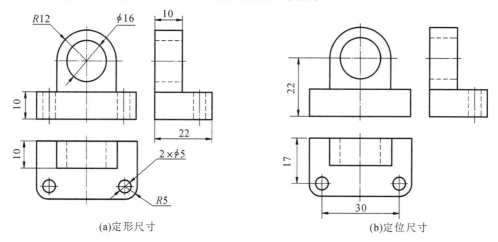

(a)定形尺寸   (b)定位尺寸

图 6-8 组合体尺寸标注

(3) 清晰:尺寸布局合理,关联尺寸尽量集中标注,便于看图和加工。

二、组合体尺寸标注的方法

1. 形体分析

将组合体分解成若干个基本体,根据基本体之间的相互关系和相邻表面之间的位置关系进行综合分析。

2. 确定尺寸基准

尺寸基准是尺寸的起点,通常选组合体的底面、端面、对称面以及回转体的轴线作为尺寸基准。一般需要长、宽、高三个方向各选一个尺寸基准。根据组合体的实际情况,有时候还需要一些辅助尺寸基准。

3. 标注定形尺寸

按照基本体的尺寸标注方法标注定形尺寸。

4. 标注定位尺寸

标注定位尺寸,确定基本体之间的相对位置,不要漏标、重复标。

5. 标注总体尺寸

综合考虑,标注总体尺寸,包含组合体的总长、总宽和总高三个尺寸。

6. 检查

完成尺寸标注后,要做整体性的检查。保证所标注的尺寸能够清楚、正确地表达组合体的每一个基本体以及组合体的整体,并检查每个方向上标注的尺寸有无遗漏和重复。

如图 6-9 所示为组合体尺寸标注的过程。

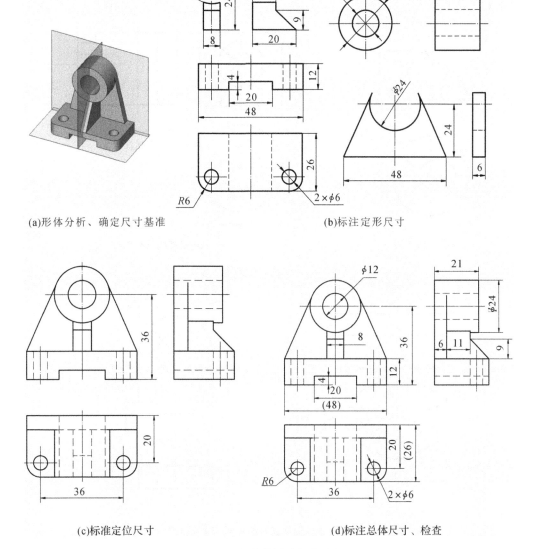

(a)形体分析、确定尺寸基准   (b)标注定形尺寸

(c)标准定位尺寸   (d)标注总体尺寸、检查

图 6-9 组合体尺寸标注过程

三、组合体尺寸标注时要注意的问题

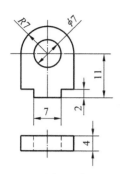

图 6-10　同一形体的尺寸
尽量集中标注

（1）组合体中同一形体的尺寸尽量集中标注，如图 6-10
所示。

（2）基本形体组合成组合体时产生的截交线和相贯线不标
注，因为通过基本形体的尺寸可以确定所产生的截交线和相贯线
的尺寸，如图 6-11 所示。

（3）尺寸尽量标注在特征反映最充分的视图上。对于圆柱、
圆锥、圆球、圆环等回转体，各个径向尺寸一般标注在投影为非圆
的视图上，如图 6-12（a）所示；圆和圆弧的尺寸一般标注在投影为
圆或圆弧的视图上，如图 6-12（b）所示。当组合体有一端为回转
体时，一般不直接标出总尺寸，如图 6-12（b）中，组合体的总高度
为定形尺寸 $R7$ 与定位尺寸 11 之和。

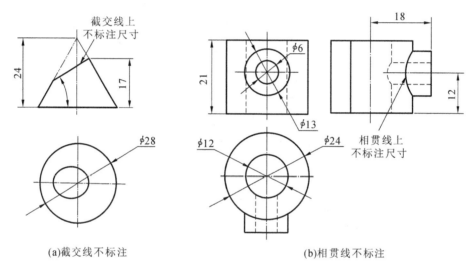

(a)截交线不标注　　　　　　(b)相贯线不标注

图 6-11　截交线和相贯线不标注

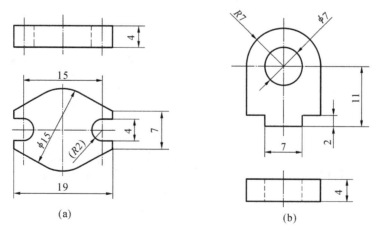

(a)　　　　　　　　　(b)

图 6-12　尺寸尽量标注在特征最明显的视图上

（4）尺寸尽量标注在轮廓线的外侧，并尽量避免在虚线上标注尺寸。

（5）尽量避免标注封闭尺寸。如果标注时形成封闭尺寸，将产生重复尺寸，精度难以保证。

（6）尽量避免尺寸线与其他图线相交。

课题四　读组合体视图

根据已经画出的组合体视图想象出组合体的立体形状的过程称为读图。读图的过程与画图相反。

一、读图时要注意的几个问题

1. 要将几个视图结合起来看

仅仅由一个视图有时候不能完全确定一个组合体，因此读图时要将三个视图结合起来，才能最终确定组合体的形状。如图 6-13 所示，仅通过一个视图（a）不能确定组合体的形状，将（a）图作为主视图的组合体可能是（b）（c）（d）（e）其中任一个。

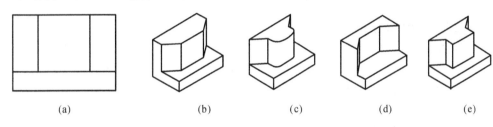

图 6-13　仅有一个视图的情况

根据两个视图有时也不能完全确定一个组合体的形状，如图 6-14 所示，已知（a）为主视图和俯视图，与之相对应的组合体可能会有很多种，如（b）（c）（d）（e）（f）。

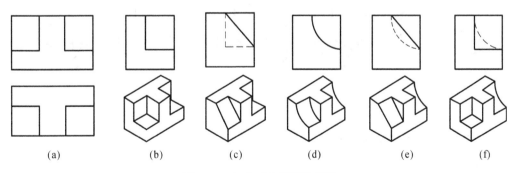

图 6-14　仅有两个视图的情况

2. 要熟练掌握基本体的投影特点

要非常熟悉基本体的投影特点，例如圆柱、圆锥、圆台、四棱台、三棱台等基本体投影的特点，抓住这些主要投影特征，有助于分析和想象组合体的空间形状。图 6-15 所示为一些基本体的投影。

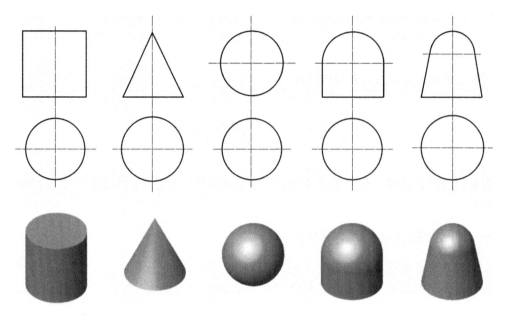

图 6-15　一些基本体的投影

3. 找出特征视图进行分析

特征视图是反映形体特征最充分和直观的视图。找出特征视图,能够迅速确定组合体的基本形状。如图 6-16(a)所示,主视图和俯视图反映了组合体的位置关系,而(b)(c)(d)(e)中的左视图才反映了组合体中部结构的主要形状特征。

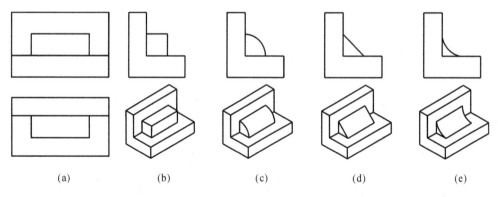

(a)　　　　(b)　　　　(c)　　　　(d)　　　　(e)

图 6-16　分析特征视图

4. 要理解视图中图线的含义

要分析视图中每一条图线的含义,确定其空间几何意义。

如图 6-17 所示,线条 1、2、3 分别表示具有积聚性的平面或曲面、物体上两个表面的交线、曲面的轮廓素线。

在视图中,点画线代表回转体的轴线的投影、圆的中心线或对称形体的对称中心线。

5. 要理解视图中线框的含义

如图 6-18 所示,图中线框 1、2、3、4 分别表示一个平面、一个曲面、平面与曲面相切的组合面、一个空腔。

视图中相邻两个线框必定是物体上相交的两个表面或同向错位的两个表面的投影。

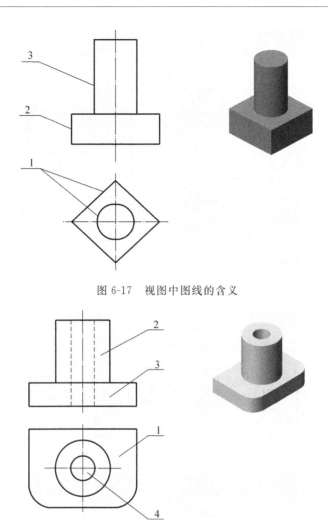

图 6-17 视图中图线的含义

图 6-18 视图中图框的含义

二、读图的方法和步骤

读组合体的视图的方法和画图方法一样,需要用到形体分析法。对于比较复杂的组合体,需要在形体分析法的基础上用线面分析法来读懂视图。

读图的顺序一般是先读主要部分,后读次要部分;先读易懂部分,后读复杂部分;先读整体视图,后读局部细节。

1. 形体分析法

形体分析法是画组合体视图和读组合体视图时所用的主要方法。将反映主要特征的视图分解成几个部分,分解成各基本体,再通过投影关系找到这些基本体在其他视图中的投影,分析投影图线或者线框,找出基本体之间的位置关系以及表面连接关系,最后组合起来想象出整体的空间立体形状。下面举例说明读图过程。

第一步:分解视图。

从主视图着手,将图形分解成若干部分,如图 6-19 所示的 1、2、3 三个部分。

第二步:分析各部分的投影关系。

根据 1、2、3 各部分的主视图,根据投影关系,找出各个部分在其他视图中的投影。根据

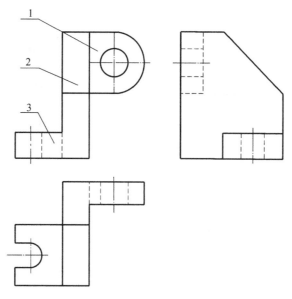

图 6-19　分解视图

分解后各组成部分的视图想象出各自的空间形状,如图 6-20 所示。

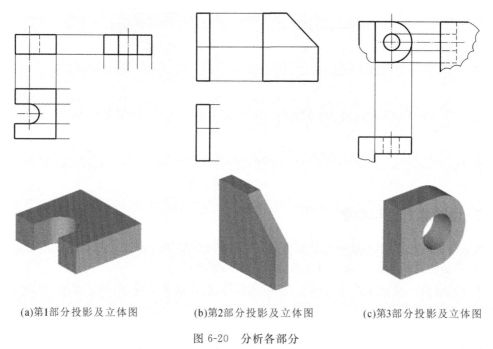

(a)第1部分投影及立体图　　　(b)第2部分投影及立体图　　　(c)第3部分投影及立体图

图 6-20　分析各部分

第三步:综合想象。

结合第二步各部分的立体图以及各部分之间的位置关系,综合想象出组合体的空间立体图形,如图 6-21 所示。

2. 线面分析法

有些组合体的形状特征不是很明显,用形体分析法无法完全分析清楚组合体的形状,因此需要用线面分析法来帮助读图。

线面分析法就是根据视图中图线和线框的含义,根据其投影关系,分析相邻表面的位置

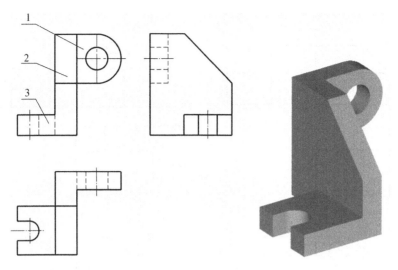

图 6-21　综合想象

关系,从而确定空间形体的立体结构。

　　线面分析法主要用来读一些比较难懂的特征,常常和形体分析法一起使用,以形体分析法为主,以线面分析法为辅。

　　组合体是由基本体叠加或切割而成的,其投影仍然满足基本体的投影规律。一般情况下,每个线框都有一条对应的图线,线框表示面的形状,对应的图线表示面的位置。也有线框对应线框的情况,这时有两种可能,一种是一般位置平面的投影,另一种是空心结构(通孔)的投影,多数情况为后者。

　　以图 6-22 为例说明线面分析法的过程。

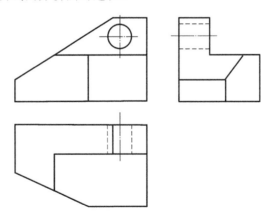

图 6-22　组合体三视图

　　如图 6-23 所示,(a)为各点在三视图中的对应关系,(b)中阴影部分平面与图线Ⅰ满足三视图投影关系。(c)中阴影部分平面与图线Ⅱ满足三视图投影关系,(d)中阴影部分平面与图线Ⅲ和Ⅳ满足三视图投影关系。

　　通过上述线面分析,可以弄清视图中各图线和线框的含义,也就可以想象出由这些线面围成的物体的真实形状。线面分析法是形体分析法的补充。

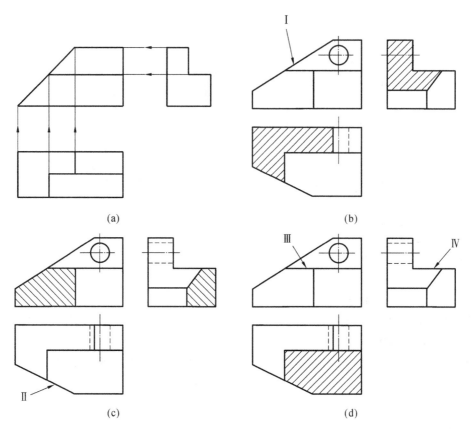

图 6-23　线面分析法

项目七　轴　测　图

 任务描述

　　了解轴测图的基本知识和绘制原理,熟悉正等测图与斜二测图,掌握正等测图与斜二测图的作图方法。

 知识目标

　　(1)掌握轴测图的基本知识;
　　(2)掌握正等测图和斜二测图的绘制方法。

能力目标

　　(1)掌握正等测图的画法;
　　(2)掌握平行坐标面的圆的轴测投影。

课题一　轴测图的基本知识

　　工程上主要应用正投影图表达结构物或构件的形体、构造和大小。但正投影图直观性差,未经学习、培训的人不容易看懂。轴测图富有立体感,易于认识,如图 7-1 所示。所以,在工程中,常把轴测图作为辅助性图样,以帮助读图。

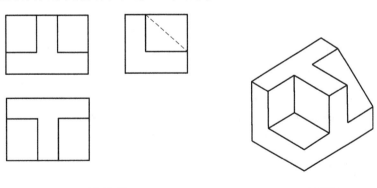

(a)正投影图　　　　　　　　　　　　　　　　　(b)轴测图

图 7-1　正投影图与轴测图比较

一、轴测图的形成

用平行投影的方法,把形体连同它的坐标轴一起向单一投影面(P)投影,得到的投影图称为轴测图(或轴测投影图),如图 7-2 所示。

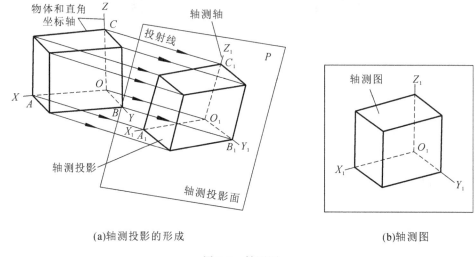

(a)轴测投影的形成   (b)轴测图

图 7-2   轴测图

二、术语

1. 轴测轴

三根直角坐标轴 OX、OY、OZ 在轴测投影面上的投影 O_1X_1、O_1Y_1、O_1Z_1 称为轴测投影轴,简称轴测轴。

2. 轴间角

相邻两轴测轴的夹角称为轴间角,即 $\angle X_1O_1Y_1$、$\angle X_1O_1Z_1$、$\angle Y_1O_1Z_1$,如图 7-2 所示。

3. 轴测投影长度

轴测形体的投影所反映的长、宽、高数值是沿轴测轴 O_1X_1、O_1Y_1、O_1Z_1 来测量的。

4. 轴向变形系数

沿轴测轴方向,线段的投影长度与其真实长度之比,称为轴向变形系数。

图 7-2 中,OX 轴的轴向变形系数 $p=O_1A_1/OA$,OY 轴的轴向变形系数 $q=O_1B_1/OB$,OZ 轴的轴向变形系数 $r=O_1C_1/OC$。

从轴测投影的形成可以看出,轴向变形系数和轴间角是在轴测图上决定物体空间位置的作图依据。因此,知道了轴间角和轴向变形系数,就可以沿着轴向度量物体的大小,也可以沿着轴向量画出物体上各点、各线段和整个物体的轴测投影。

三、轴测投影的特性

(1) 直线的轴测投影一般仍为直线,但当空间直线与投射线平行时,其轴测投影为一点。

(2) 形体上相互平行的线段,其轴测投影仍然互相平行;直线平行于坐标轴,其轴测投影亦平行于相应的轴测轴。

（3）轴向互相平行的线段，它们的投影长度与实际长度的比值等于相应的轴向变形系数。

（4）轴测投影面 P 与物体的倾斜角度不同，投射线与轴测投影面的倾斜角度不同，可以得到一个物体的无数个不同的轴测投影图。

四、轴测投影的分类

根据投射线与轴测投影面的夹角不同，轴测投影可分类如下。

1. 正轴测投影

投射线的方向垂直于轴测投影面，这种投影称正轴测投影。根据轴向变形系数的不同，又分 3 种情况。

（1）正等轴测投影（简称正等测）。

正等测的三个轴向变形系数相等，即 $p=q=r$。

（2）正二等轴测投影（简称正二测）。

正二测的两个轴向变形系数相等，另一个不等，即 $p=r\neq q$。

（3）正三等轴测投影（简称正三测）。

正三测的三个轴向变形系数均不等，即 $p\neq q\neq r$。

2. 斜轴测投影

斜轴测投影的投影方向倾斜于轴测投影面。

1）正面斜轴测投影

以正面或平行于正面的平面作为轴测投影面，所得的投影称正面斜轴测投影。根据轴向变形系数的不同，又分为 3 种情况：

（1）斜等测。

三个轴向变形系数相等，即 $p=q=r$。

（2）斜二测。

两个轴向变形系数相等，另一个不等，即 $p=r\neq q$。

（3）斜三测。

三个轴向变形系数均不等，即 $p\neq q\neq r$。

2）水平斜轴测投影

以水平面或平行于水平面的平面作为轴测投影面，所得的投影称为水平斜轴测投影。水平斜轴测投影的轴向变形系数相等，即 $p=q=r$。

在以上各种轴测投影中，我们根据工程实际的需要，重点介绍正轴测投影中的正等测投影、斜轴测投影中的斜二测投影。

课题二　正 等 测 图

如图 7-3 所示，设想空间一长方体，它的三个坐标轴与轴测投影面 P 倾斜，投射线方向 S 与轴测投影面 P 垂直，在面 P 上所得到的是正轴测投影。在正轴测投影中，常用的是正等轴测投影（也称正等测图）和正二轴测投影。本课题主要介绍正等测图。

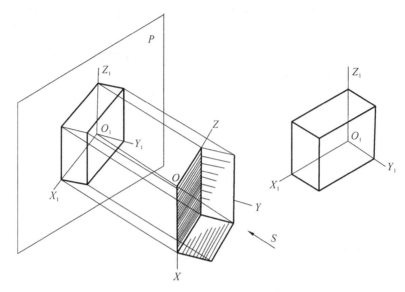

图 7-3 正轴测投影

一、正等测图

1. 正等测图的轴间角和轴向变形系数

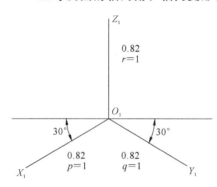

图 7-4 正等测图的轴测轴、轴
间角、轴向变形系数

正等测图中,空间形体的三个坐标轴与轴测投影面的倾角相等。所以,各轴向变形系数和轴间角均相等,即轴间角 $\angle X_1 O_1 Y_1 = \angle Y_1 O_1 Z_1 = \angle X_1 O_1 Z_1 = 120°$,一般将 $O_1 Z_1$ 轴画成竖直位置,使 $O_1 X_1$ 轴和 $O_1 Y_1$ 轴与水平方向成30°(见图7-4)。

经计算,轴向变形系数 $p = q = r = 0.82$,为简化作图,常把变形系数取为1,即凡与轴测轴平行的线段,作图时按实长量取,这样绘出的图形,其轴向尺寸均为原来的 1.22(1/0.82≈1.22)倍,如图7-5所示。

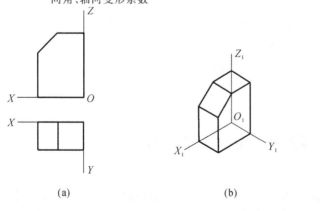

(a)	(b)	(c)

图 7-5 不同变形系数的正等测图比较

轴测轴的设置,可选择在形体上最有利于特征表达和作图简便的位置,如图7-6所示。

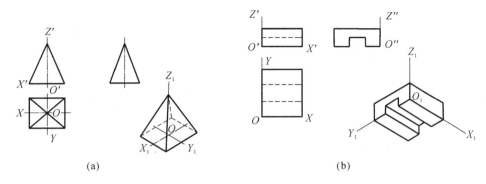

图 7-6 轴测轴设置示例

2. 正等测图的画法

根据平面立体的特征,为了作图方便,可选用下列不同的作图方法。

1) 直接作图法

对于简单的平面立体,可以直接选轴,并沿轴量尺寸作图,如表 7-1 所示。

表 7-1 直接作图法画正等测图示例

图形示例			
步骤	(a)在投影面 V、H 投影上设置坐标轴	(b)画轴测轴	(c)画端面轴测投影	(d)过端面上各点作 Y_1 轴平行线,并量取形体的宽度,描深,完成作图

2) 切割法

大多数平面立体可以设想为由长方体挖切而成,因此,可画出长方体的正等测图,然后进行轴测挖切,从而完成立体的轴测图,如表 7-2 所示。

表 7-2 切割法画正等测图示例

图形示例			
步骤	(a)在投影面 V、H 上设置坐标轴	(b)画轴测轴	(c)作铺助长方体轴测图	(d)在平行于轴测轴方向上,按要求进行挖切并描深,完成作图

3）坐标法

根据坐标关系,画出立体表面各点的轴测投影图,然后连成形体表面的轮廓线,这种方法称为坐标法。坐标法是画轴测图的基本方法,特别适用于形体复杂和由非特殊位置平面包围而成的平面立体。

以正三棱锥为例,根据正三棱锥的正面投影、水平投影,应用坐标法作正等测图的步骤如表 7-3 所示。

表 7-3　坐标法画正等测图示例

正三棱锥示例			
步骤	(a)取投影面 H 中点 s（锥顶的投影）为坐标原点	(b)画轴测轴,在 Y_1 上定出点 A_1、D_1 的位置（$A_1O_1 = aO$、$D_1O_1 = dO$)	(c)过点 D_1 作直线平行于 O_1X_1,在直线上定 B_1、C_1（$B_1C_1 = bc$），连接 A_1B_1、A_1C_1	(d)在 O_1Z_1 上取 $O_1S_1 = O's'$,连接 S_1A_1、S_1B_1、S_1C_1,描深,完成全图（虚线可省略不画）

二、曲面立体的正等测图

1. 圆的正等测图

由于正等测的三根坐标轴与轴测投影面倾斜成等角,因此三个坐标面也都与轴测投影面成相同倾角,平行于这三个坐标面的圆,其投影是类似图形,即椭圆。椭圆的长短轴与轴测轴有关,当圆在 XOY 坐标面内或平行于 XOY 坐标面时,椭圆的长轴垂直于 Z_1 轴,短轴平行于 Z_1 轴;当圆在 XOZ 坐标面内或平行于 XOZ 坐标面时,椭圆的长轴垂直于 Y_1 轴,短轴平行于 Y_1 轴。当圆在 YOZ 坐标面内或平行于 YOZ 坐标面时,椭圆的长轴垂直于 X_1 轴,短轴平行于 X_1 轴。图 7-7 所示是平行于坐标面的圆的正等测图。

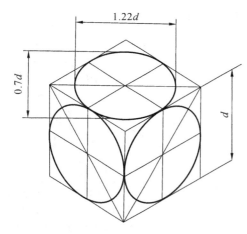

图 7-7　平行于坐标面的圆的正等测图

平行于坐标面的圆的正等测图的画法,通常采用近似画法,即四心椭圆法。现以投影面 H 上的圆的正等测为例说明其画法,作图步骤如表 7-4 所示。

表 7-4　四心椭圆法画投影面 H 上的圆的正等测图

图形示例	(图)	(图)	(图)	(图)
步骤	(a)确定坐标轴并作圆的外切四边形 $abcd$	(b)作轴测轴 X_1、Y_1 并作圆的外切四边形的轴测投影 $A_1B_1C_1D_1$，得切点 I_1、II_1、III_1、IV_1	(c)分别以 B_1、D_1 为圆心，以 B_1III_1 为半径作弧 $\overset{\frown}{III_1IV_1}$ 和 $\overset{\frown}{I_1II_1}$	(d)连接 B_1III_1 和 B_1IV_1，交 A_1C_1 于 E_1、F_1，分别以 E_1、F_1 为圆心，以 E_1IV_1 为半径作弧 $\overset{\frown}{I_1IV_1}$ 和 $\overset{\frown}{II_1III_1}$，即得由四段圆弧组成的近似椭圆

投影面 V、W 上的圆的正等测图的画法如图 7-8 所示。

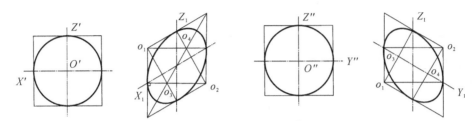

(a)投影面 V 上的圆的正等测图画法　　　　(b)投影面 W 上的圆的正等测图画法

图 7-8　投影面 V、W 上的圆的正等测图画法

2. 圆柱、圆锥、圆球的正等测图画法

1）圆柱的正等测图

画圆柱的正等测图，应先作上、下底圆的轴测投影椭圆，然后再作两椭圆的公切线。表 7-5 所示为竖直放置的正圆柱的正等测图的画法。

表 7-5　竖直放置的正圆柱的正等测图画法示例

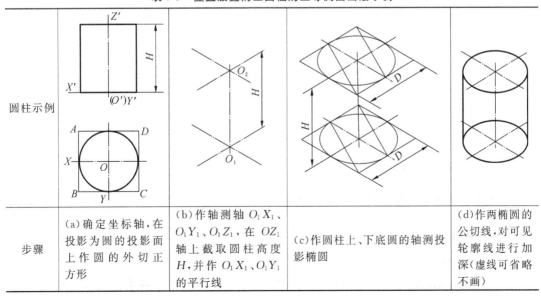

圆柱示例	(图)	(图)	(图)	(图)
步骤	(a)确定坐标轴，在投影为圆的投影面上作圆的外切正方形	(b)作轴测轴 O_1X_1、O_1Y_1、O_1Z_1，在 OZ 轴上截取圆柱高度 H，并作 O_1X_1、O_1Y_1 的平行线	(c)作圆柱上、下底圆的轴测投影椭圆	(d)作两椭圆的公切线，对可见轮廓线进行加深(虚线可省略不画)

2）圆锥的正等测图

画圆锥正等测图,先作底面的轴测投影椭圆,过椭圆中心向上取圆锥高度,求得锥顶 S,过点 S 作椭圆的切线即可,作图步骤如表 7-6 所示。

表 7-6　圆锥的正等测图画法示例

圆锥示例				
步骤	(a)确定轴测轴,在投影为圆的投影面上作圆的外切正方形	(b)作轴测轴 O_1X_1、O_1Y_1、O_1Z_1	(c)作圆锥底圆的轴测投影椭圆,定锥顶 S	(d)过锥顶作椭圆切线,对可见轮廓线进行描深(虚线可省略不画)

3）圆球的正等测图

球向任何一个方向的轴测投影都是椭圆,作图时,只要过球心分别作出平行于三个坐标面的球上最大圆的正等测图,即椭圆,再作此三个椭圆的包络线圆即为所求,如表 7-7 所示。

表 7-7　圆球的正等测图画法示例

圆球示例				
步骤	(a)确定轴测轴,在投影面 H、V 上作圆的外切正方形	(b)作水平圆、正面圆的轴测投影	(c)作侧面圆的轴测投影	(d)作三椭圆的包络线圆,并区分可见性,描深,完成作图

三、组合体的正等测图

图 7-9 所示为一组合体的正等测图,从图 7-9(a)知:组合体的下部是带有两个圆角的底板,上部为带有圆孔的半圆柱体立板。其作图步骤如下。

(1) 在投影面 V、H 上确定坐标轴、圆弧切点及圆弧半径 R。

(2) 作轴测轴 O_1X_1、O_1Y_1、O_1Z_1,并作底板的正等测图,在对应边上截取长度 R,得 A_1、B_1 及 C_1、D_1,分别作垂线交于 O_2、O_3。再以 O_2 为圆心、O_2A_1 为半径画弧 $\overset{\frown}{A_1B_1}$,以 O_3 为圆心、

O_3D_1 为半径画弧 $\overset{\frown}{C_1D_1}$，移动圆心和切点，画 $\overset{\frown}{A_2B_2}$、$\overset{\frown}{C_2C_2}$，作 $\overset{\frown}{C_1D_1}$ 和 $\overset{\frown}{C_2D_2}$ 的公切线（见图 7-9（b））。

（3）作立板的正轴测图，先画前面，再画后面，上部半圆柱体用四心椭圆法绘制，圆柱（右上角）轮廓线应为前面、后面椭圆的公切线（见图 7-9（c））。

（4）用四心椭圆法画出立板上圆的正等测图，不可见的线可不画（见图 7-9（d））。

（5）描深图线，完成作图（见图 7-9（e））。

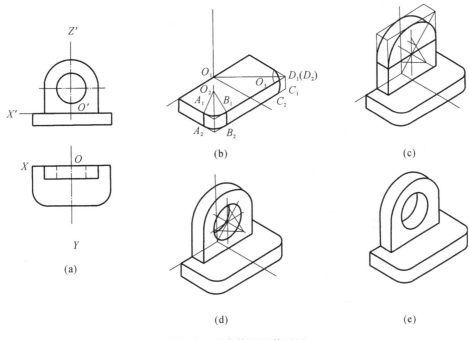

图 7-9　组合体的正等测图

课题三　斜 二 测 图

斜轴测投影也称为斜角投影，它是用平行投影法将空间直角坐标系向轴测投影面倾斜投影而成的，如图 7-10（a）所示。

一、斜二测图

1. 斜二测图的轴间角和轴向变形系数

斜二测图是斜轴测投影的一种，是两坐标轴（一般是 X、Z 轴）与轴测投影面平行的特殊形式的斜轴测投影图。其轴间角 $\angle X_1O_1Z_1 = 90°$，$\angle X_1O_1Y_1 = \angle Y_1O_1Z_1 = 135°$；轴向变形系数 $p = r = 1$，$q = 0.5$，如图 7-10（b）所示。

2. 斜二测图的画法

在斜二测图中，平行于 $X_1O_1Z_1$ 的平面反映实形。因此，选择反映形体特征的平面平行于该轴测投影面，使作图简化。

绘制斜二测图时，根据立体的特征，同正等测图一样，也可以选用直接作图法、切割法或坐标法。

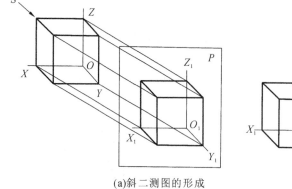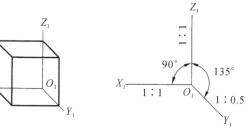

(a)斜二测图的形成

(b)斜二测图的轴测轴、轴
间角和轴向变形系数

图 7-10　斜二测图

轴测轴的设置:左向或右向,上面或底面。

斜二测图画法示例如表 7-8、表 7-9 所示。

表 7-8　斜二测图画法示例(一)

图形示例			
步骤	(a)在投影面 V、H 上设置坐标轴	(b)画轴测轴	(c)画正面特征形,沿 O_1Y_1 画平行斜线(与水平线成45°)	(d)在各平行线上量取 0.5Y,连接各点,描深,完成全图(虚线可省略不画)

表 7-9　斜二测图画法示例(二)

图形示例			
步骤	(a)在投影面 V、H 上设置坐标轴	(b)画轴测轴	(c)画正面特征形,沿 O_1Y_1 画平行斜线	(d)在各平行线上量取 0.5Y,作圆弧及其他轮廓线

二、轴测图种类的选择

前面已经学习了正等测图、斜二测图,在作某一形体的轴测图时,选择哪一种轴测图好呢？可以根据下面两个要求来选择轴测图。

1. 图形要富有立体感

轴测图的优点，就是图形的直观性强，因此要求画出的图形完整清晰，避免遮挡。

如图 7-11 所示，采用斜二测图时，立板后部的孔洞没有表示出来；若改画成正等测图，就能使底板上的前后孔洞比较清楚地表现出来。因此，该例采用正等测图比斜二测图效果好。

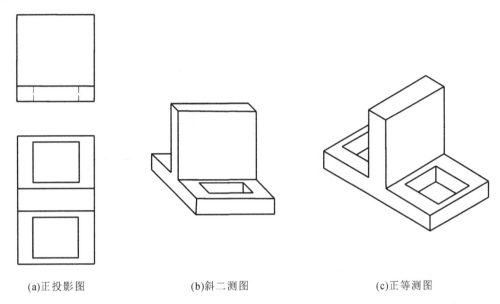

(a)正投影图　　　　　　　　(b)斜二测图　　　　　　　　(c)正等测图

图 7-11　选用轴测图时应避免遮挡

如图 7-12 所示，长方体板上有一四棱台，若画成正等测图，则底面板的两个侧面重合为直线，上部四棱台立体效果也不好；而画成斜二测图，就能得到理想的表达。正方形转过 90°角的物体不宜用正等测图表达。

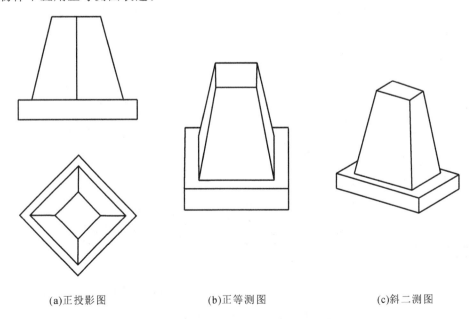

(a)正投影图　　　　　　　　(b)正等测图　　　　　　　　(c)斜二测图

图 7-12　选用轴测图时应避免图形重叠

2. 作图要简便

图 7-13 所示是一物体的正等测图和斜二测图。从两个图比较看,作正等测图要比作斜二测图麻烦得多,前者需要画几个椭圆,后者因物体上的一个坐标面与轴测投影面平行,故在该面上圆的投影直接反映实形,因此作图简便。

一般情况下,当正面投影为圆或曲线,以及形状复杂的特征时,常采用斜二测图,方正平直的物体、水平面上带有圆的物体宜用正等测图,可使作图简便。

正二测图具有很好的立体感,但作图较正等测图复杂(尤其是曲面立体),故较少采用。

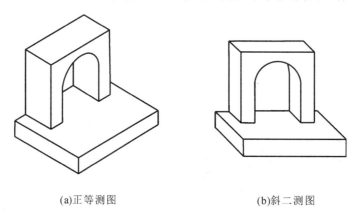

(a)正等测图　　　　　　　　　　　　　(b)斜二测图

图 7-13　正等测图与斜二测图比较

三、轴测图投影方向的选择

画轴测图时,选择的投影方向应能使所画的图形清楚地反映物体的形体特征。

图 7-14(b)(c)是图 7-14(a)所示物体从两个方向投影得到的正等测图。图 7-14(b)所示是从物体的左前上方向右后下方投影;而图 7-14(c)所示是从物体的右前上方向物体的左后下方投影,轴测轴的安排与图 7-14(b)相比较,相当于 O_1Z_1 轴顺时针旋转了 90°(即 O_1X_1 轴和 O_1Y_1 轴互换位置)。很明显,图 7-14(c)能更清楚地反映物体切口处的结构形状。

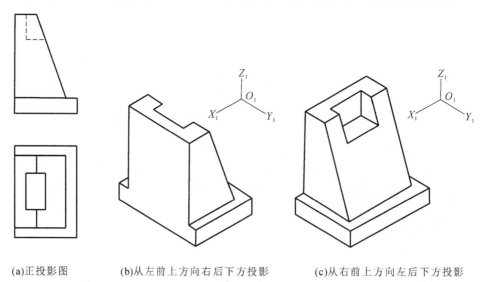

(a)正投影图　　　　(b)从左前上方向右后下方投影　　　　(c)从右前上方向左后下方投影

图 7-14　轴测投影图投影方向的选择

总之,在画轴测图时,要结合物体的具体情况,选不同的投影方向,使作出的轴测图达到理想的效果。常用的投影方向如表 7-10 所示。

表 7-10 常用的投影方向

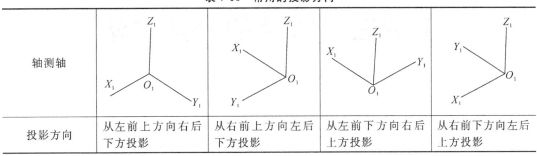

轴测轴				
投影方向	从左前上方向右后下方投影	从右前上方向左后下方投影	从左前下方向右后上方投影	从右前下方向左后上方投影

模块三 机件的表达方法

通过前面模块的学习,大家已经掌握了正投影法的基本特性,并能作出物体的三视图。但欲将正投影法运用到实际的生产图样中,还必须掌握国家标准对图样画法和标注的规定。画法和标注合称为机件的表达方法。机件的表达方法包括基本表达方法和特殊表达方法。

项目八 机件的基本表达方法

在生产实际中,机件的形状往往是多种多样的,当机件的形状和结构比较复杂时,仅仅依靠三视图还不能将其内、外形状和结构表达清楚。为此国家标准规定了机件的各种表达方法,包括视图、剖视图、断面图及其他的表达方法。

 任务描述

本项目主要介绍视图、剖视图、断面图、局部放大图及简化画法等常用的基本表达方法。

 知识目标

(1) 正确理解视图、剖视图、断面图的概念与画法、标记、符号;

(2) 了解其他规定画法和简化作图方法;

(3) 了解第三角投影及其与第一角投影的区别和联系。

能力目标

(1) 掌握三种类型图形的画法,图形的配置与标记、标注方法;

(2) 培养认真负责的工作态度和严谨细致的工作作风。

课题一 视   图

将机件按照正投影法向基本投影面投射所得到的图形称为视图。投影方向不同,得到的视图也不同。用于表达机件外形的视图有基本视图、局部视图、斜视图,可根据机件的表达需要选择。

一、基本视图

　　国家标准规定,正六面体的六个面为基本投影面,如图 8-1 所示。物体在基本投影面上的投影称为基本视图。一个物体可有六个基本投影方向。国标还规定,采用第一角投影法,即物体处于观察者与投影面之间进行投影,然后按规定展开投影面,便得到六个基本视图,如图 8-2 所示。

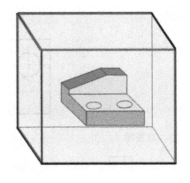

图 8-1　基本投影面

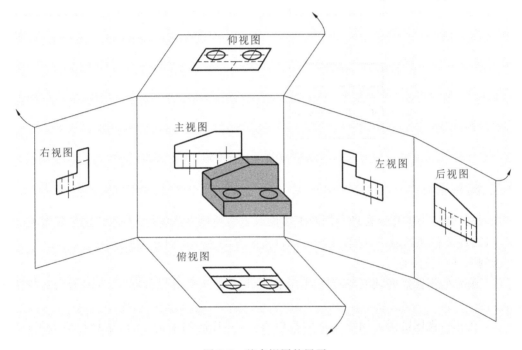

图 8-2　基本视图的展开

　　各视图名称规定为:

　　主视图(A)——由前向后投影所得的视图;

　　俯视图(B)——由上向下投影所得的视图;

　　左视图(C)——由左向右投影所得的视图;

　　仰视图(D)——由下向上投影所得的视图;

　　右视图(E)——由右向左投影所得的视图;

　　后视图(F)——由后向前投影所得的视图。

　　展开后摊平在一个平面上,去掉边框,得到基本视图,如图 8-3 所示。

　　六个基本视图仍遵守“长对正、高平齐、宽相等”规律,除后视图外,其他视图中靠近主视图的一边是物体的后面,远离主视图的一边是物体的前面。

　　国家标准规定:在绘制图样时,并非任何机件都要画出六个基本视图,而应该根据机件的形状和结构特点,选择若干个基本视图。在能够把机件表达清楚的前提下,选用的视图越少越好,而且视图的选择应以主视图、俯视图和左视图为主。在某一视图上已反映清楚的部分,在其他视图上可不画虚线。

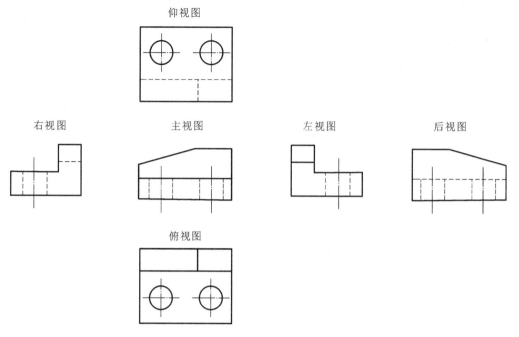

图 8-3 基本视图的配置

二、向视图

在画视图时,为了充分合理利用图纸幅面或更清楚地表达物体,不能按规定位置配置视图时,可将视图移动到适当位置,这种可以自由配置的基本视图称为向视图。

绘制向视图应注意:

(1) 画好向视图后必须明确标注,在视图的上方标注视图的名称"×"(×为大写拉丁字母);

(2) 在相应视图的附近用箭头指明投射方向,并标注相同的字母,字母均应为斜体,如图 8-4 所示。

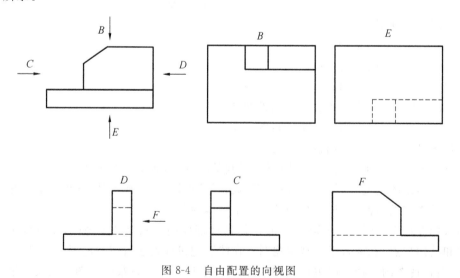

图 8-4 自由配置的向视图

三、局部视图

为了将机件的局部结构表达清楚,将机件的某一部分向基本投影面投射所得的图形称为局部视图。

局部视图是一个不完整的基本视图,利用局部视图可以减少基本视图的数量。当机件某一局部形状没有表达清楚,而又没有必要用一完整基本视图表达时,可单独将这一部分向基本投影面投影,从而避免另一部分结构的重复表达,可以减少基本视图的数量。

画局部视图的注意事项:

(1)局部视图需要标注,用带字母的箭头指明要表达的部位和投射方向,并注明视图名称,如图 8-5 中视图 A 和 B。

(2)当局部视图按照基本投影关系投射并配置,且中间没有其他基本视图隔开时,可以省略标注,如图 8-5 中 A、B 可以省略。

(3)局部视图的范围用波浪线表示,如图 8-5 中视图 A 和 B。当表示的局部结构是完整的且外轮廓封闭时,波浪线可省略。注意波浪线不能超出轮廓外,也不能画在中空处。

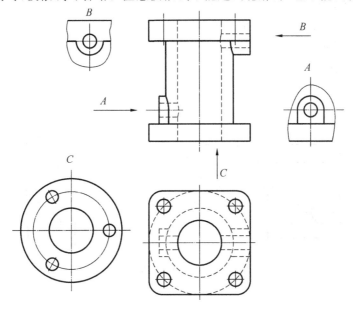

图 8-5 局部视图

四、斜视图

当物体的表面与投影面倾斜时,其投影不反映实形。

将机件向不平行于任何基本投影面的平面投射所得的视图,称为斜视图。它主要用于表达机件倾斜部分的形状。设立一个与该倾斜部分平行且与正面投影面垂直的新投影面,将该倾斜部分向这个投影面进行投影,以反映倾斜部分的实形,即得到斜视图。如图 8-6 所示,设 P 为新投影面,P 平行于机件倾斜部分并且垂直于 V 平面,将机件的倾斜部分向 P 平面投影,即得斜视图。

画斜视图的注意事项:

(1)斜视图通常按向视图的配置形式配置和标注。斜视图只用于表达机件倾斜部分的

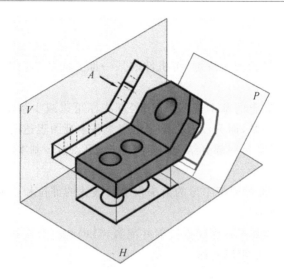

图 8-6　斜视图的形成

实形,其余部分用波浪线断开,不必全部画出。

(2) 允许将斜视图转正配置,但需在斜视图上方标注旋转符号,并可注写旋转角度(小于 90°),如图 8-7 所示。

(3) 常将物体倾斜部分画成局部视图。

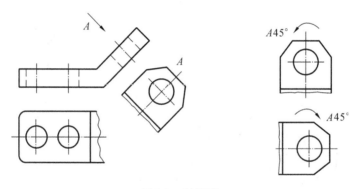

图 8-7　斜视图

课题二　剖　视　图

当机件的内部形状较复杂时,基本视图上将出现许多虚线,不可见的结构形状愈复杂,视图中虚线就愈多,这样会使图形不够清晰,既不利于看图,又不便于标注尺寸。因此,机件不可见的内部结构形状常采用剖视图表达。

一、剖视图的概念

1. 剖视图的形成

假想用剖切面(平面或柱面)剖开机件,将处在观察者与剖切面之间的部分移去,将剩下部分向投影面投影,所得到的视图称为剖视图(简称剖视),如图 8-8 所示。剖视图主要用于表达机件的内部结构形状,便于读图和尺寸标注。

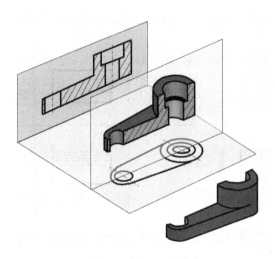

图 8-8　剖视图的形成

2. 画剖视图的步骤

（1）确定剖切面的位置：假想用剖切面切开物体，剖切面应平行于剖视图所在的投影面，并通过机件上尽可能多的孔槽的中心线或对称面。

（2）画剖切后的可见轮廓：移去观察者与剖切面之间的部分，将剩余部分向投影面投射，按形体分析法画出剖切后机件的可见轮廓线。

（3）在剖面上画上剖面符号。

3. 剖面符号

国标规定，在剖切面与机件接触的部分（剖面）要画出剖面符号，并且不同材料要用不同的剖面符号。

画金属材料的剖面符号时，应遵守下述规定。

（1）金属材料的剖面符号（也称剖面线）为与主要轮廓线或剖面区域的对称线成 45°角（向左向右倾斜均可）且间隔相等的细实线（GB/T 17453—2005）。常见材料的剖面符号如表 8-1 所示。

图 8-1　常见材料的剖面符号

材　料	剖面符号	材　料	剖面符号	材　料	剖面符号
金属材料（已有规定剖面符号者除外）		线圈绕组元件		砖	
非金属材料（已有规定剖面符号者除外）		转子、电枢、变压器和电抗器等的叠钢片		混凝土	

续表

材　　　料		剖 面 符 号	材　　　料	剖 面 符 号	材　　　料	剖 面 符 号
木材	纵剖面		型砂、填砂、砂轮、陶瓷及硬质合金刀片、粉末冶金等		钢筋混凝土	
	横剖面		液体		基础周围的泥土	
玻璃及供观察用的其他透明材料			木质胶合板（不分层数）		格网（筛网、过滤网等）	

（2）同一机件所有剖视图和断面图中的剖面线应方向相同,间隔相等。

（3）当图形的主要轮廓线与水平方向成 45°角或接近 45°角时,该图形的剖面线应改画成与水平方向成 30°角或 60°角的平行线,如图 8-9 所示。

4. 剖视图的标注

（1）画剖视图时,一般在视图上画出剖切位置线（也称剖切符号）,在剖切位置线两端画上箭头表示投射方向,并在剖切位置线旁标注大写字母,如图 8-10 中的"A",同时在相应视图上方标出视图名称。在剖视图的上方,用与剖切位置相同的字母标出剖视图的名称"×—×",如图 8-10 中的"A　A"。

（2）在下列情况下可以简化或省略标注:

① 剖视图按投影关系配置,中间没有其他图形隔开,可以省略箭头,如图 8-10 所示。

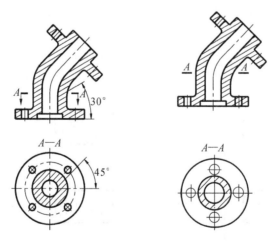

图 8-9　剖面线的画法　　　　8-10　剖视图的简化画法一

② 当单一的剖切面通过机件的对称面或基本对称面,且剖视图按投影关系配置,中间没有其他图形隔开时,可省略标注,如图 8-11 所示。

5. 画剖视图时应注意的问题

（1）画剖视图是假想将机件剖开,剖视图以外的其他视图仍完整画出,如图 8-12 所示。

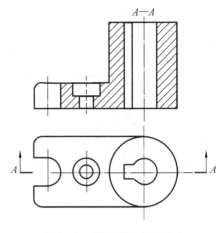

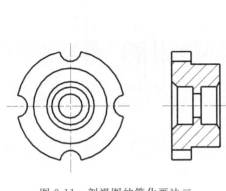

图 8-11　剖视图的简化画法二　　　　　　图 8-12　俯视图仍完整画出

（2）剖切后的可见轮廓线必须画出。

（3）剖视图中不可见轮廓线一般不画，必要时才画成虚线。

（4）根据机件的复杂程度，可同时将几个视图画成剖视图，它们之间相互独立，互不影响，各有所用。

（5）同一机件的剖面应使用相同的剖面线，相邻不同机件的剖面应使用方向不同的剖面线。

二、剖视图的种类

按剖切范围，剖视图可分为全剖视图、半剖视图和局部剖视图三种。

1. 全剖视图

根据需要假想用剖切面完全地剖开机件所得的剖视图，称为全剖视图。

当机件的外形比较简单（或外形已在其他视图上表达清楚），内部结构较复杂而又不对称时，常采用全剖视图表达机件的内部结构形状。对于外形简单而又对称的空心回转体，也可采用全剖视图。如图 8-13 所示为全剖视图。

2. 半剖视图

半剖视图适用于内、外结构都复杂，并且具有对称平面的机件。当机件形状接近对称且不对称部分已经有其他视图表达清楚时，也可以采用半剖视图。

向垂直于机件对称面的投影面上投射所得的图形，可以对称中心线为界，一半画成剖视图，另一半画成视图，如图8-14所示。注意肋板不画剖面线。

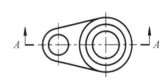

图 8-13　全剖视图

注意：

（1）半个视图与半个剖视图的分界线是点画线，不能画成粗实线。若机件虽然对称，但对称面的外形上有轮廓线，则不宜作半剖。

（2）在半个剖视图中已表达清楚的内形在另半个视图中其虚线可省略，但如果机件的某些内部结构在半剖视图中没有表达清楚，则在表达外部形状的半个视图中，表示该结构的

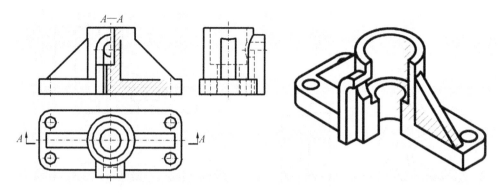

图 8-14 半剖视图

虚线不能省略。

(3) 半剖视图的标注与全剖视图相同。

(4) 机件的剖切是假想的,因此,机件的其他视图应该还是完整的。

3. 局部剖视图

假想用剖切面局部地剖开机件所得的剖视图称为局部剖视图。局部剖视图主要用于表达不宜采用全剖视图和半剖视图的机件。局部剖视部分与视图部分用波浪线分界。局部剖视图是一种较灵活的表达方法,适用范围较广。

局部剖视图适用范围如下:

(1) 只有局部内形需要剖切表示时,可采用局部剖视图。

(2) 实心杆上有孔、槽时,应采用局部剖视图。

(3) 当对称机件的轮廓线与中心线重合,不宜采用半剖视图时,可采用局部剖视图。

(4) 当机件的内外形都较复杂,而又不对称时,可采用局部剖视图,如图 8-15 所示。

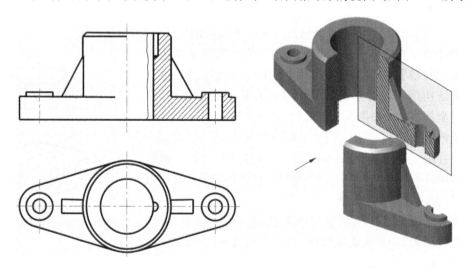

图 8-15 局部剖视图

画局部剖视图时应注意的问题如下:

(1) 波浪线不要与图形中其他图线重合,也不要画在其他图线的延长线上;

(2) 波浪线只能画在机件表面的实体部分,不得穿越孔或槽(应断开),也不应超出图形之外,如图 8-16 所示。

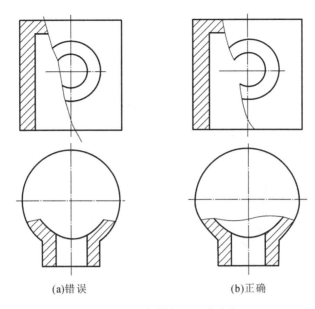

(a)错误   (b)正确

图 8-16 局部剖视图的波浪线

（3）当被剖结构为回转体时，允许将该结构的中心线作为局部剖视图与视图的分界线。在一个视图中，局部剖视图的数量不宜过多。

三、剖切面的种类及剖切方法

由于机件内部结构形状多种多样，因此剖切方法也不尽相同。表达机件的整体结构时可以选择的剖切面主要有：单一剖切面、几个相交的剖切面（交线垂直于某一投影面）和几个平行的剖切面。

1. 单一剖切面

用一个剖切面剖切物体的方法称为单一剖切。前面所列举的全剖视图、半剖视图和局部剖视图都属于单一剖切，其剖切面均平行于某一基本投影面。

当机件上有倾斜部分的内部结构形状需要表达时，可以用一个不平行于任何投影面的平面（斜剖切面）剖切。此剖视图可按斜视图的配置方式配置。用这种剖切方法获得的剖视图一般按照投影关系配置（见图 8-17(a)），必要时也可配置在其他适当位置（见图 8-17(b)）；允许将图形旋转，但必须加注旋转符号，其箭头方向为旋转方向，字母应靠近旋转符号的箭头端（见图 8-17(c)）。

2. 两相交的剖切面

用两相交的剖切面（交线垂直于某一基本投影面）剖开机件的方法称为旋转剖，如图8-18所示，主要用来表达内部有明显回转轴线的机件的结构。

旋转剖应注意的问题如下：

（1）两剖切面的交线一般应与机件的轴线重合。

（2）剖视图按"先剖切后旋转"方法获得，即先假想按剖切位置剖开机件，然后把剖开的结构旋转到选定的投影面进行投影，便于画图。

（3）在剖切面后的其他结构仍按原来位置投射。

（4）旋转剖必须标注，在剖切平面的起始、转折和终止处标注相同的字母，防止在转折狭小处引起误会。有时可以省略字母，但不能省略剖切符号。

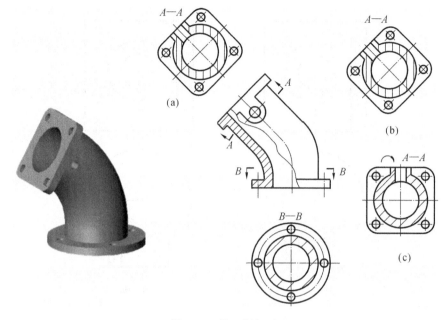

图 8-17　单一剖切面

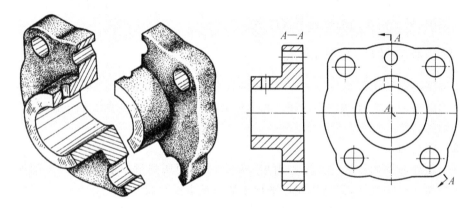

图 8-18　两相交的剖切面

剖切时产生不完整结构后,该部分应按不剖画出,如图 8-19 所示。

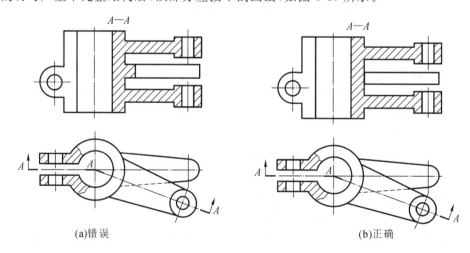

图 8-19　用两相交的剖切面剖切示例

3. 几个平行的剖切面

当机件上的孔、槽及空腔等内部结构不在同一平面内时，可假想用几个平行的剖切面剖开机件，这种方法又称为阶梯剖，如图 8-20 所示。

采用阶梯剖必须标注，各剖切面互不重叠，要在剖切平面的起始、转折和终止处用剖切符号表示位置，其转折符号成直角且应对齐。当转折位置有限，又不致引起误解时，允许只画转折符号，省略标注字母。要注意在两个剖切平面转折处不能画出剖切符号，因为这是假想出来的。

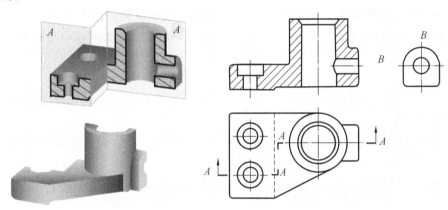

图 8-20　阶梯剖示例

阶梯剖应注意的问题如下：

（1）两剖切面的转折处不应与图上的轮廓线重合，在剖视图上不应在转折处画线。

（2）在剖视图内不能出现不完整的要素。只有当两个要素有公共对称中心线或轴线时，可以此为界各画一半，如图 8-21 所示。

（3）剖切线用细点画线表示，一般可省略不标。

4. 几个组合的剖切面

当机件的内部结构较复杂，形状大小不一，用旋转剖或阶梯剖仍然不能表达清楚时，可采用组合的剖切面剖切机件。这种方法称为复合剖，如图 8-22 所示。

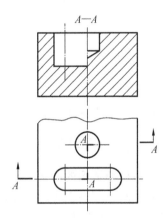

图 8-21　阶梯剖视图内的不完整要素

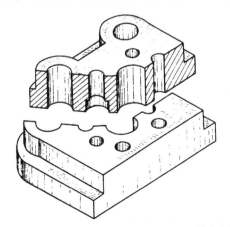
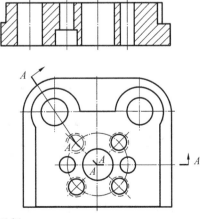

图 8-22　复合剖示例

课题三　断　面　图

一、断面图的概念

假想用剖切面将机件某处截断,仅画断面形状,这种视图称为断面图(简称断面)。断面图仅画断面部分,剖视图则需画出剖切面后面的部分。为了准确表达断面形状,一般断面图的剖切面需要与所表达的机件的轴线或轮廓线垂直。如图 8-23 所示,(a)是断面图,(b)是剖视图。

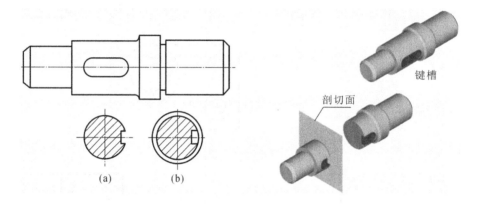

图 8-23　断面图和剖视图的区别

断面图适用于肋、轮辐、键槽、孔、长杆件、型材。

根据断面在图中位置的不同,断面图可以分为移出断面图和重合断面图。

二、移出断面图

1. 移出断面图的画法

移出断面图画在视图之外,轮廓线用粗实线绘制,并尽量配置在剖切符号或剖切面迹线的延长线上,必要时也可配置在其他适当的位置,如图 8-24 所示。

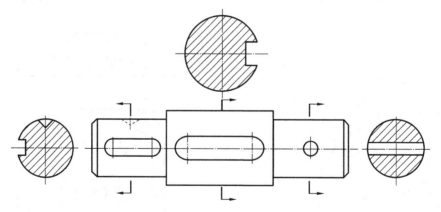

图 8-24　移出断面图

(1)当剖切面通过回转面形成的孔或凹坑的轴线时,所得断面图应该画成剖视图。

（2）当剖切面通过非圆孔，会导致完全分离的两个断面时，所得断面图也应该画成剖视图，画成封闭图形。

（3）由两个或多个相交的剖切面剖切得出的移出断面图，中间一般应断开，如图 8-25 所示。

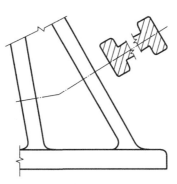

图 8-25　中间断开的移出断面图示例

2.移出断面图的标注

移出断面图一般需要标注剖切符号和断面图的名称，特殊情况可省略，如图 8-26 所示。

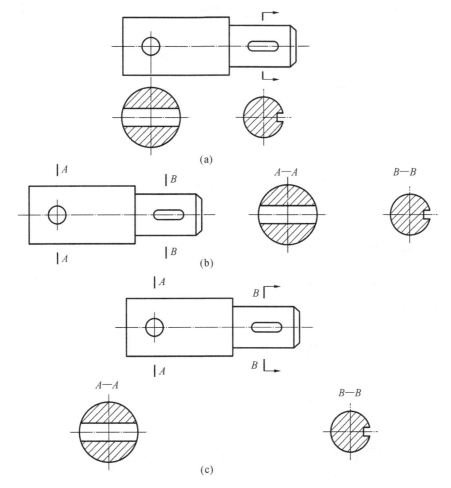

图 8-26　移出断面图的标注

（1）配置在剖切符号延长线上的断面图，不对称移出断面不必标注名称；对称移出断面不必标注剖切符号、名称，二者用细点画线两连。

（2）按投影关系配置，不对称移出断面和对称移出断面均不必标注剖切符号的箭头。

（3）配置在其他位置，不对称移出断面应标注出剖切符号和名称（用字母表示），对称移出断面不必标注剖切符号的箭头。

三、重合断面图

1. 重合断面图的画法

断面图形配置在机件切断处投影轮廓内，并与视图重合，称为重合断面图。重合断面图的轮廓线用细实线绘制，与视图中轮廓线重叠时，视图中轮廓线不能间断，要完整画出（见图8-27）。

2. 重合断面图的标注方法

（1）配置在剖切线上的不对称的重合断面图，可不注名称（字母），如图 8-27 所示。

（2）对称的重合断面图，可不标注，如图 8-28 所示。

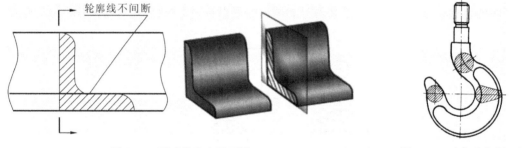

图 8-27　不对称重合断面图　　　　　图 8-28　对称重合断面图

课题四　其他表达方法

一、局部放大图

机件上有些细小结构，在视图中难以清晰地表达。对这种细小结构，可用大于原图所采用的比例画出，用这种方法画出的图形称为局部放大图，如图8-29所示。

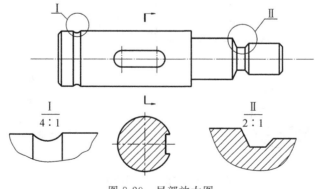

图 8-29　局部放大图

1. 局部放大图的画法

（1）局部放大图可以画成视图、剖视图或断面图，它与被放大部分在原图中的表达方法无关。

（2）局部放大图应尽量配置在被放大部位的附近；局部放大图的投影方向应与被放大部分的投影方向一致；与整体联系的部分用波浪线画出；画成剖视图和断面图时，其剖面符号的方向和距离应与原图中相应的剖面符号相同。

（3）斜视图中的局部视图也可画成局部放大图。

2. 局部放大图的标注

（1）画局部放大图时，应用细实线圈出被放大部分。

（2）当机件上仅有一个需要放大的部位时，不必编号，只需在被放大部位画圈，并在局部放大图的上方正中位置注明所采用的比例。

（3）当机件上有几个被放大部位时，必须用罗马数字和指引线依次标明被放大的部位，并在局部放大图上方正中位置注出相应的罗马数字和采用的比例（罗马数字和比例之间的横线用细实线画出，前者写在横线之上，后者写在横线之下）。

二、几种简化画法

1. 肋板的画法

对于机件的肋板，如按纵向剖切，肋板不画剖面符号，而用粗实线将它与其邻接部分分开，如图 8-30 所示。

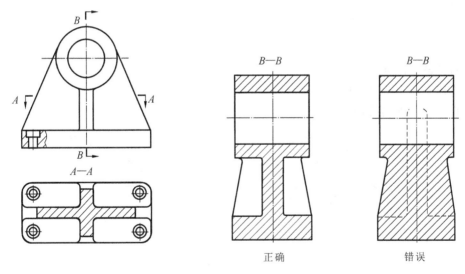

图 8-30　肋板的画法示例

2. 均匀分布的肋板及孔的画法

若干直径相同且规律分布的孔，可以仅画出一个或几个，其余只需用细点画线表示其中心位置，如图 8-31 所示。

3. 断开的画法

轴、杆类较长的机件，当沿长度方向形状相同或按一定规律变化时，允许断开后缩短画出，标注尺寸时仍注实长，如图 8-32 所示。

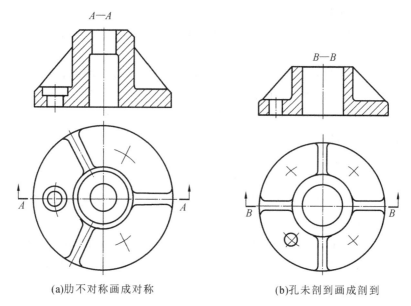

(a)肋不对称画成对称   (b)孔未剖到画成剖到

图 8-31 均匀分布的肋板及孔的画法示例

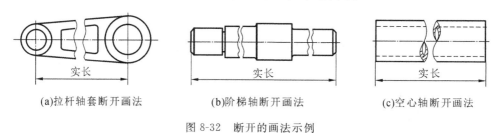

(a)拉杆轴套断开画法   (b)阶梯轴断开画法   (c)空心轴断开画法

图 8-32 断开的画法示例

4. 对称图形的画法

在不致引起误解时,对称图形可只画一半或四分之一,并在对称中心线的两端画出两条与其垂直的平行细实线,如图 8-33 所示。

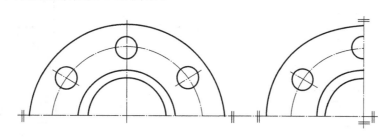

图 8-33 对称图形的画法示例

5. 小圆角、小倒角的表示

零件图上的小圆角、小倒角允许省略不画,但必须标注尺寸或在技术要求中加以说明,如图 8-34 所示。

6. 平面的符号表示

平面在图中不能充分表达时,可用符号即两相交细实线表示,如图 8-35 所示。

7. 重复性结构的画法

当机件具有若干相同结构(齿、槽等),并且这些结构按一定规律分布时,只需画出几个完整的结构,其余用细实线连接,但必须在图中注明该结构的总数,如图 8-36 所示。

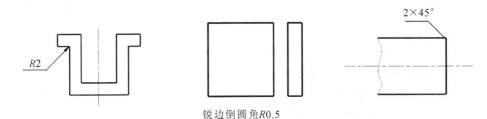

锐边倒圆角R0.5

图 8-34 小圆角、小倒角的表示示例

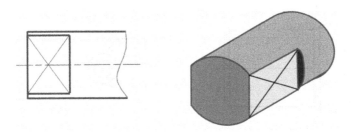

图 8-35 平面的符号表示示例

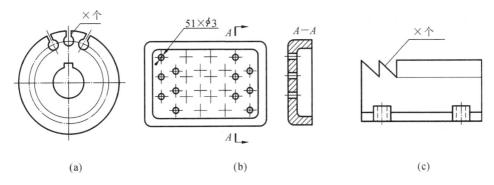

| (a) | (b) | (c) |

图 8-36 重复性结构的画法示例

8. 某些投影的简化画法

（1）机件上较小结构所产生的交线（截交线、相贯线、过渡线），如在一个视图中已表示清楚，则在其他视图中该线允许简化或省略，如图 8-37 所示。

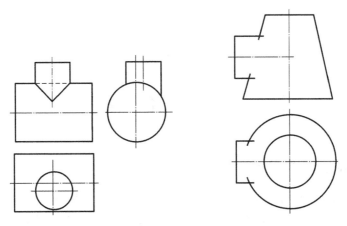

图 8-37 较小结构交线的简化画法示例

（2）机件上斜度不大的结构,如在一个视图中已表达清楚,则在其他视图中可按其小端画出。

（3）与投影面倾斜角度小于30°的圆或圆弧,其投影椭圆可用圆或圆弧代替。

9.网状物及滚花表面的简化画法

机件上的滚花部分、网状物或编织物,可在轮廓线附近用细实线局部示意画出,并在零件图上或技术要求中注明这些结构的具体要求,如图 8-38 所示。

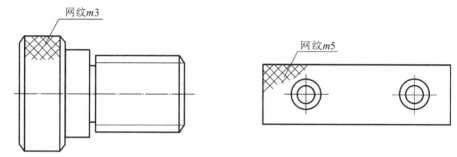

图 8-38　滚花的简化画法示例

10.省略剖面符号

不引起误解时,移出断面图允许省略剖面符号,如图 8-39 所示。

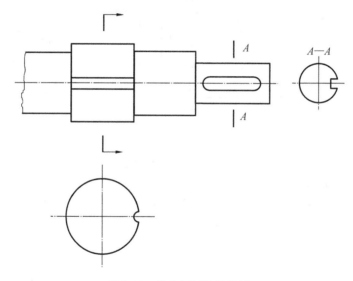

图 8-39　省略剖面符号示例

课题五　第三角画法简介

一、第三角画法的概念

目前,在国际上使用的投影法有两种,即第一角投影法（又称第一角画法）和第三角投影法（又称第三角画法）。ISO 国际标准规定:在表达机件结构时,第一角投影法和第三角投影法同等有效。依据我国国家标准《技术制图　投影法》(GB/T 14692—2008)规定:"技术图样应采用正投影法绘制,并优先采用第一角画法,必要时才允许使用第三角画法。"我国国家标准中所用图样,除特别注明之外,均为第一角画法。

三个互相垂直的投影面,将空间分为八个分角Ⅰ、Ⅱ、Ⅲ……Ⅷ,如图 8-40 所示。

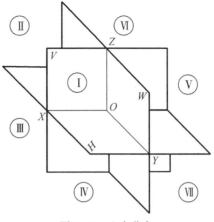

图 8-40　八个分角

在三投影面体系中,若将物体放在分角Ⅲ内,并使投影面处于观察者和物体之间,这样得到的投影称为第三角投影。

二、第三角画法中的三视图

前视图:从前向后观察物体,在正平面(V)上所得的视图。
顶视图:从上向下观察物体,在水平面(H)上所得的视图。
右视图:从右向左观察物体,在侧平面(W)上所得的视图。
展开得到的三视图如图 8-41 所示。

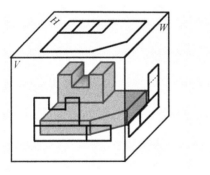

图 8-41　第三角画法中的三视图

三、第三角画法与第一角画法的比较

如图 8-42 所示,第三角画法与第一角画法主要有如下区别。

(1) 第一角画法:将物体放在观察者与投影面之间,即人—物—面的相对位置关系。第三角画法:将投影面放在观察者与物体之间,即人—面—物的相对位置关系,假定投影面为透明的平面。

(2) 第一角画法各投影面展开的方法:H 向下旋转,W 向右后方旋转。第三角画法投影面展开的方法:H 向上旋转,P 向右前方旋转。

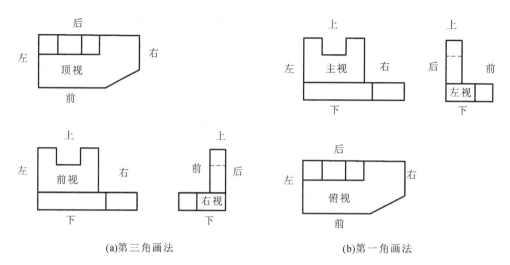

(a)第三角画法　　　　　　　　　　(b)第一角画法

图 8-42　第三角画法与第一角画法的比较

工程图样上,为了区别两种投影,允许在图样的适当位置,画出识别符号,该符号以圆锥带的视图表示,如图 8-43 所示。

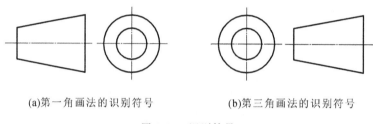

(a)第一角画法的识别符号　　　　　　(b)第三角画法的识别符号

图 8-43　识别符号

项目九　机件的特殊表达方法

 任务描述

　　在各种机械和电气设备中,大量使用标准件(如螺栓、螺钉、螺母、垫圈、键、销、滚动轴承等)和常用件(如齿轮、弹簧等)。国家标准对这些标准件和常用件及多次重复出现的结构要素(如螺栓上的螺纹和齿轮上的轮齿等)规定了简化的特殊表达方法及必要的标注方法。本项目主要介绍这些标准件、常用件和结构要素的基本知识、特殊表达方法及标注方法等内容。

 知识目标

　　(1)掌握螺纹的规定画法和标注方法;
　　(2)掌握键联结和销连接的规定画法;
　　(3)掌握圆柱齿轮基本参数的计算方法。

能力目标

　　(1)掌握螺纹紧固件的连接画法;
　　(2)学会按标准件的规定查阅其有关标准;
　　(3)具备常用件的规范表达能力。

课题一　螺纹及螺纹紧固件

一、螺纹的基本知识

1.螺纹的形成

　　螺纹可认为是由平面图形(如三角形、梯形、锯齿形等)绕着和它共面的轴线做螺旋运动而形成的轨迹。螺纹通常是用专用刀具在机床上加工而成的。夹持在车床卡盘上的工件做等角速度旋转,车刀沿轴线方向做等速移动,刀尖相对于工件表面的运动轨迹便是圆柱螺旋线。在圆柱表面上形成的螺纹为圆柱螺纹,在圆锥表面上形成的螺纹为圆锥螺纹。在工件的外表面上经加工形成的螺纹称为外螺纹,在工件的内表面上经加工形成的螺纹称为内螺纹,另外,还可以用丝锥攻制内螺纹,用板牙套制外螺纹,如图9-1所示。

2.螺纹的要素

1)牙型

　　牙型是螺纹轴向剖面的轮廓形状。螺纹的牙型有三角形、梯形、矩形、锯齿形和方形等。

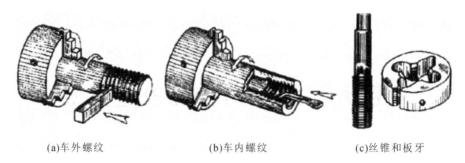

|(a)车外螺纹|(b)车内螺纹|(c)丝锥和板牙|

图 9-1　螺纹的形成

不同牙型的螺纹有不同的用途,如三角形牙型螺纹用于连接,梯形牙型、方形牙型螺纹用于传动等。在螺纹牙型上,相邻两牙侧之间的夹角,称为牙型角,以 α 表示,如图 9-2 所示。

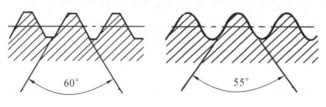

图 9-2　牙型角

2）螺纹直径

螺纹直径,如图 9-3 所示,分为大径、中径、小径。

螺纹大径是指外螺纹牙顶圆的直径 d 或内螺纹牙底圆的直径 D,也称为公称直径。

螺纹小径是指外螺纹牙底圆的直径 d_1 或内螺纹牙顶圆的直径 D_1。

在大径和小径之间,螺纹牙的轴向厚度与两牙之间的轴向距离相等处的直径为螺纹中径,外螺纹用 d_2 表示,内螺纹用 D_2 表示。

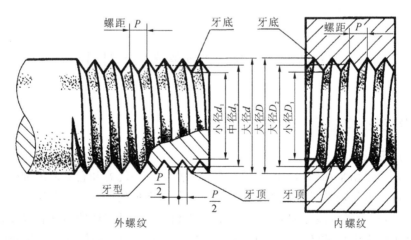

图 9-3　螺纹直径

3）线数

螺纹有单线螺纹与多线螺纹之分。在同一螺纹件上,沿一条螺旋线形成的螺纹称为单线螺纹,沿两条以上螺旋线形成的螺纹称为多线螺纹,如图 9-4 所示。线数用 n 来表示。

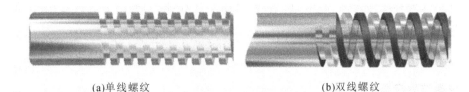

(a)单线螺纹　　　　　　　　　　　(b)双线螺纹

图 9-4　螺纹线数

4）螺距和导程

螺距指相邻两牙在中径上对应两点间的轴向距离,以 P 表示。

导程指同一螺旋线上的相邻两牙在中径上对应两点间的轴向距离,即螺纹旋转一周轴向移动的距离,以 P_h 表示。单线螺纹的导程等于螺距($P_h = P$),多线螺纹的导程等于线数乘以螺距(即 $P_h = nP$),如图 9-5 所示。

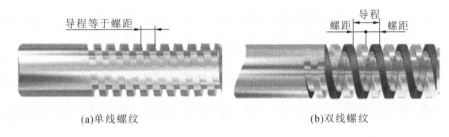

(a)单线螺纹　　　　　　　　　　　(b)双线螺纹

图 9-5　螺距与导程

5）旋向

螺纹的旋向有左旋和右旋之分。将螺纹轴线竖直放置,螺纹左高右低则为左旋,螺纹右高左低则为右旋。右旋螺纹顺时针转时旋合,逆时针转时退出,左旋螺纹反之。常用的是右旋螺纹。以左手、右手法则判断螺纹旋向,如图 9-6 所示。

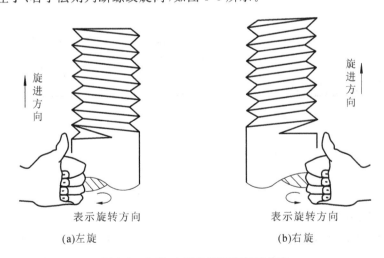

(a)左旋　　　　　　　　　　　(b)右旋

图 9-6　左手、右手法则判断螺纹旋向

内、外螺纹通常是配合使用的,只有上述五个结构要素完全相同的内、外螺纹才能旋合在一起。

在螺纹的诸要素中,螺纹牙型、大径和螺距是决定螺纹的基本要素,称为螺纹三要素。凡这三个要素都符合国家标准的螺纹,称为标准螺纹。螺纹牙型符合标准,而大径、螺距不符合标准的螺纹,称为特殊螺纹。若螺纹牙型不符合标准,则称为非标准螺纹。零件图上的螺纹尺寸不仅要标注得完整、清晰、正确,而且还要合理,既能够满足设计意图,又易于加工制造和检验。

二、螺纹的规定画法

1. 外螺纹规定画法

在平行于螺纹轴线的投影面的视图中,螺纹大径(牙顶)用粗实线表示,螺纹小径(牙底)用细实线表示,并画出螺杆的倒角或倒圆部分,小径近似画成大径的 0.85 倍,螺纹终止线为粗实线。螺纹收尾线通常不画出,如果要画出螺纹收尾线,则画成斜线,其倾斜角度为与轴线成 30°。在垂直于螺纹轴线的投影面的视图中,螺纹大径用粗实线表示,螺纹小径用细实线只画约 3/4 圆表示,此时轴与孔上的倒角投影省略不画出。图 9-7 所示为外螺纹分别在剖切和不剖切时的画法。

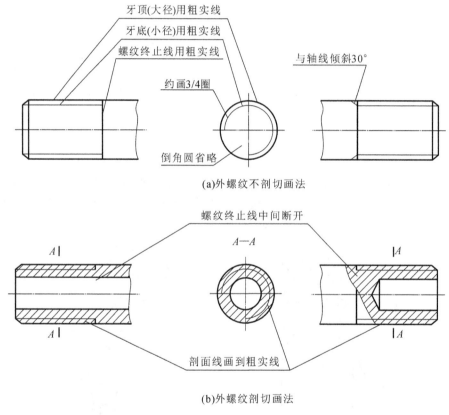

图 9-7　外螺纹规定画法

2. 内螺纹规定画法

在平行于螺纹轴线的投影面的视图中,一般画成全剖视图,螺纹小径用粗实线表示,且不画入倒角区,螺纹大径用细实线表示,且小径画成大径的 0.85 倍,剖面线画到粗实线处。绘制不通孔时,画终止线(粗实线)和钻孔深度线,一般不通的钻孔深度比螺纹长度要长约 0.5D,锥角(120°)一般不需要标注。在投影为圆的视图中,螺纹小径用粗实线表示,螺纹大径用细实线画约 3/4 圆表示,倒角圆省略不画。图 9-8 所示为内螺纹的规定画法。

3. 内外螺纹旋合画法

当内外螺纹连接时,通常用剖视图表示,其画法规定:其连接旋合部分按外螺纹画法画,

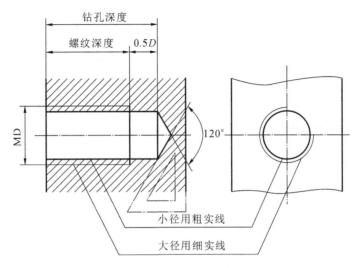

图 9-8 内螺纹规定画法

其余部分按各自画法画,表示大、小径的粗、细实线应分别对齐,如图 9-9 所示。

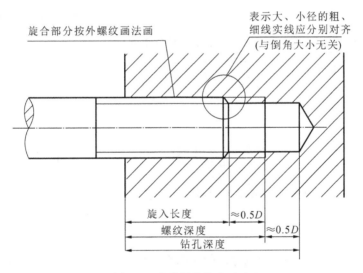

图 9-9 内外螺纹旋合画法

4. 非标准螺纹的画法

画非标准螺纹时,应画出螺纹牙型,并标注所需的尺寸及有关的要求,如图 9-10 所示。

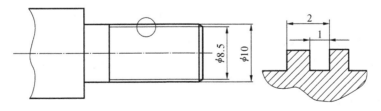

图 9-10 非标准螺纹的画法

5. 螺纹孔相交的画法

螺纹孔相交时,只画出钻孔的相交线,如图 9-11 所示。

图 9-11　螺纹孔相交的画法

三、螺纹的种类、代号和标注

1. 螺纹的种类

按螺纹的用途可把螺纹分为连接螺纹和传动螺纹两大类,如表 9-1 所示。

表 9-1　螺纹的种类

螺纹的种类		外形及牙型	用　　途
连接螺纹	普通螺纹　细牙普通螺纹	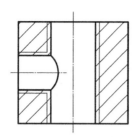	一般用于薄壁零件或细小的精密零件的连接
	普通螺纹　粗牙普通螺纹		一般用于机件的连接
	管螺纹　非螺纹密封的管螺纹	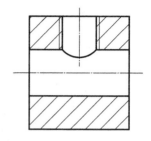	一般用于管接头、旋塞、阀门及其附件
	管螺纹　用螺纹密封的管螺纹		一般用于管子、管接头、旋塞、阀门及其他螺纹连接的附件
传动螺纹	梯形螺纹		用于必须承受两个方向轴向力的地方,如车床的丝杠

常见的连接螺纹有普通螺纹和管螺纹两种。其中普通螺纹又分为粗牙普通螺纹、细牙普通螺纹;管螺纹分为非螺纹密封的管螺纹和用螺纹密封的管螺纹等。

连接螺纹的共同特点是牙型都是三角形,其中普通螺纹的牙型角为 60°,管螺纹的牙型角为 55°。同一种大径的普通螺纹一般有几种螺距,螺距最大的一种称为粗牙普通螺纹,其余称为细牙普通螺纹。

传动螺纹是用来传递动力和运动的,常用的是梯形螺纹,在一些特定的情况下也用锯齿形螺纹。

2. 螺纹的代号

国标(GB/T 4459.1—1995)规定,标准螺纹应在图上注出相应的特征代号,如表 9-2

所示。

表 9-2　螺纹的特征代号

螺纹种类	特征代号	标准代号	螺纹种类		特征代号	标准代号
普通螺纹	M	GB/T 197—2018	非螺纹密封的管螺纹		G	GB/T 7307—2001
小螺纹	S	GB/T 15054—2018	用螺纹密封的管螺纹	圆锥外螺纹	R	GB/T 7306—2000
梯形螺纹	Tr	GB/T 5796—2005		圆锥内螺纹	Rc	
锯齿形螺纹	B	GB/T 13576—2008		圆柱内螺纹	Rp	
米制螺纹	ZM	GB/T 1415—2008	自攻螺钉用螺纹		ST	GB/T 5280—2002
60°圆锥管螺纹	NPT	GB/T 12716—2011	自攻锁紧螺钉用螺纹		M	GB/T 6559—1986

3. 螺纹的标注

1）普通螺纹标注

单线普通螺纹标注完整格式为：

$$\boxed{特征代号}\,\boxed{公称直径}\times\boxed{导程}\,\boxed{旋向}\text{-}\boxed{螺纹公差带代号}\text{-}\boxed{旋合长度代号}$$

多线普通螺纹标注完整格式为：

$$\boxed{特征代号}\,\boxed{公称直径}\times\boxed{导程（螺距）}\,\boxed{旋向}\text{-}\boxed{螺纹公差带代号}\text{-}\boxed{旋合长度代号}$$

（1）特征代号：粗牙普通螺纹及细牙普通螺纹均用 M 作为特征代号。

（2）公称直径：除管螺纹代号为 G 或 R 外，其余螺纹公称直径代号均为螺纹大径代号。

（3）导程（螺距）：单线螺纹只标导程（螺距与之相同）即可，多线螺纹的导程、螺距均需标出。粗牙螺纹的螺距已完全标准化，查找国标手册即可，在标注时省略，如表 9-3 所示。

（4）旋向：当旋向为右旋时，不标注；当旋向为左旋时要标注"LH"两个大写字母，表示左旋。

（5）螺纹公差带代号：由表示公差等级的数字和表示基本偏差的字母组成，外螺纹用小写字母，内螺纹用大写字母，如 5g、6g、6H 等。

（6）旋合长度指螺纹旋入的长度，一般分为短、中、长三种，分别用代号 S、N、L 表示，中等旋合长度可省略不标。

2）梯形螺纹标注

梯形螺纹应标注：螺纹代号（包括特征代号 Tr、螺纹大径、螺距等）、公差带代号及旋合长度代号三部分。

3）管螺纹标注

管螺纹的标注格式为：

$$\boxed{特征代号}\,\boxed{尺寸代号}\,\boxed{螺纹公差带代号}\,\boxed{旋向}$$

（1）管螺纹分为密封螺纹及非密封螺纹：非密封性圆柱管螺纹特征代号为 G，密封性圆柱管螺纹特征代号为 Rp；密封性圆锥外管螺纹特征代号为 R，密封性圆锥内管螺纹特征代号为 Rc。

（2）尺寸代号是指管件通孔的近似尺寸，以 in 为单位。

（3）外螺纹有 A、B 两种公差等级，公差带代号标注在尺寸代号之后；内螺纹公差只有一种，故可以省略标注。

（4）所有的管螺纹均以引线标注，引线指向管螺纹的大径。

（5）右旋螺纹不标注旋向，左旋螺纹标注代号 LH。

表 9-3　部分标准螺纹的标注示例

螺纹种类	图例	标注的内容和方式	说明
粗牙 普通螺纹	M10-5g6g-S 20 M10LH-7H-L 20	M10-5g6g-S 　短旋合长度 　顶径公差带 　中径公差带 　螺纹大径 M10LH-7H-L 　长旋合长度 　顶径公差带和中 　径公差带(相同) 　左旋	不标注螺距； 右旋螺纹省略标注，左旋螺纹必须标注旋向； 旋合长度为中等长度时不标注
细牙 普通螺纹	M10×1-6g 20	M10×1-6g 　螺距	须标注螺距； 其他要求同上
非螺纹密封 的管螺纹	G1A　　　G1	G1A 　公差等级 　尺寸代号	
用螺纹密封的 圆柱管螺纹	Rp1　　　Rp1	Rp1 　尺寸代号	管螺纹的尺寸代号不是螺纹大径，作图时应据此查出螺纹大径； 只能以旁注的方式引出标注； 右旋省略不注
用螺纹密封的 圆锥管螺纹	R1/2　　　Rc1/2	外螺纹 R 1/2 内螺纹 Rc 1/2	
单线 梯形螺纹	Tr36×6-8c	Tr36×6-8c 　公差带代号 　螺距 　螺纹大径	须标注螺距； 多线螺纹还要标注导程； 右旋省略不注，左旋标注 LH； 中等旋合长度 N 不注
多线 梯形螺纹	Tr36×12(P6)LH-8e	Tr36×12(P6)LH-8e-L 　左旋 　螺距 　导程	

4）特殊螺纹及非标准螺纹标注

（1）牙型符合国家标准、直径或螺距不符合标准的特殊螺纹，应在牙型符号前加注"特"字，并标出大径和螺距，如图 9-12 所示。

（2）非标准螺纹标注，应画出螺纹的牙型，并注出所需要的尺寸及有关要求，如图 9-13 所示。

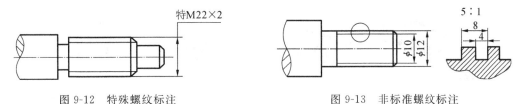

图 9-12　特殊螺纹标注　　　　　　　　　图 9-13　非标准螺纹标注

5）螺纹副的标注方法

螺纹副的标注方法与螺纹标注方法基本相同。对于标准螺纹，其标记应直接标注在大径的尺寸线上或其引出线上；对于管螺纹，其标记应用引出线由配合部分的大径处引出标注，如图 9-14 所示。注意其配合公差的标注方法，使用"/"隔开，"/"前为内螺纹，"/"后为外螺纹。

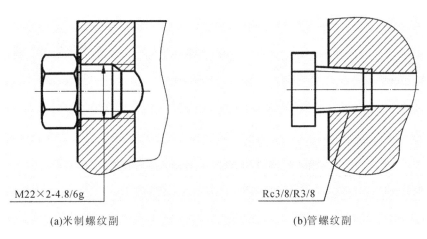

(a)米制螺纹副　　　　　　　　　　(b)管螺纹副

图 9-14　螺纹副的标注方法

例 9-1　粗牙普通外螺纹，大径为 10，右旋，中径公差带为 5g，顶径公差带为 6g，短旋合长度。其应标记为：M10-5g6g-S。

例 9-2　55°螺纹密封的圆柱内螺纹，尺寸代号为 1，左旋。其应标记为：Rp1LH。

例 9-3　55°非螺纹密封的外管螺纹，尺寸代号为 3/4，公差等级为 A 级，右旋。其应标记为：G3/4A。

例 9-4　梯形螺纹，公称直径为 40，螺距为 7，右旋单线外螺纹，中径公差带代号为 7e，中等旋合长度。其应标记为：Tr40×7-7e。

例 9-5　梯形螺纹，公称直径为 40，导程为 14，螺距为 7，左旋双线内螺纹，中径公差带代号为 8E，长旋合长度。其应标记为：Tr40×14(P7)LH-8E-L。

锯齿形螺纹标注的具体格式与梯形螺纹完全相同。

四、常用螺纹紧固件及其标记

螺纹紧固件的种类很多,常见的有螺栓、双头螺柱、螺钉、螺母、垫圈等,如图 9-15 所示。这类零件的结构形式和尺寸都已标准化,由标准件工厂大量生产。在工程设计中,可以从相应的标准中查到所需的尺寸,一般不需绘制其零件图。

六角头螺栓　　　　　B型双头螺柱　　　　　六角螺母　　　　　六角开槽螺母

内六角圆柱头螺钉　　开槽圆柱头螺钉　　　开槽沉头螺钉　　开槽锥端紧定螺钉

平垫圈　　　　　弹簧垫圈　　　圆螺母用止动垫圈　　　　圆螺母

图 9-15　常用螺纹紧固件

常用螺纹紧固件的标注如表 9-4 所示。

表 9-4　常用的螺纹紧固件及其标记示例

名称及视图	规定标记示例	名称及视图	规定标记示例
开槽盘头螺钉 M10 45	螺钉 GB/T 67—2008 M10×45	双头螺柱 M12 50	螺柱 GB/T 899—1988 M12×50
内六角圆柱头螺钉 M16 40	螺钉 GB/T 70.1—2008 M16×40	1 型六角螺母 M16	螺母 GB/T 6170—2015 M16

名称及视图	规定标记示例	名称及视图	规定标记示例
开槽锥端紧定螺钉	螺钉 GB/T 71—1985 M12×40	平垫圈 A 级	垫圈 GB/T 97.1—2002 16—200HV
六角头螺栓	螺栓 GB/T 5782—2016 M12×50	标准型弹簧垫圈	垫圈 GB/T 93—1987 20

1. 单个螺纹紧固件的画法

1）六角螺母

六角螺母各部分尺寸及其表面上用几段圆弧表示的交线，都以螺纹大径 d 的比例关系画出，如图 9-16 所示。

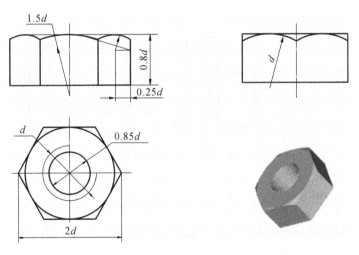

图 9-16　六角螺母画法

2）垫圈

平垫圈：各部分尺寸用与它相配合的螺纹紧固件的大径 d 的比例画出，如图 9-17 所示。

弹簧垫圈：弹簧垫圈装在螺母下面，用来防止螺母松动，注意旋向。

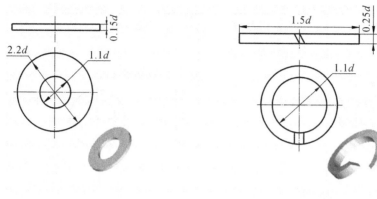

(a)平垫圈　　　　　　　　　　　(b)弹簧垫圈

图 9-17　垫圈画法

3) 六角头螺栓

六角头螺栓画法如图 9-18 所示。

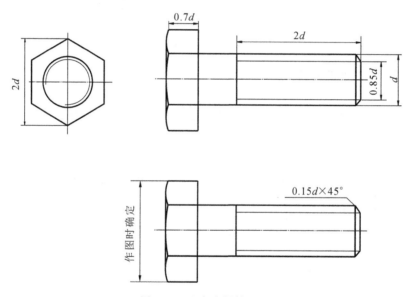

图 9-18　六角头螺栓画法

4) 双头螺柱

双头螺柱画法如图 9-19 所示。

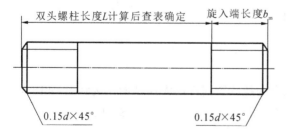

图 9-19　双头螺柱画法

5）螺钉

螺钉画法如图 9-20 所示。

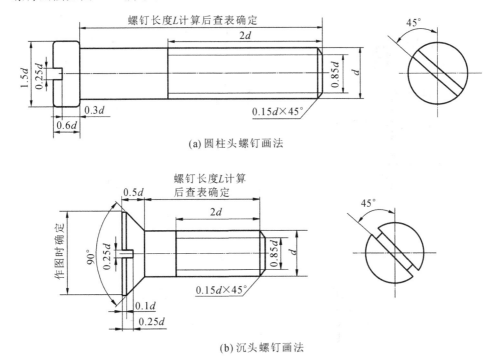

(a) 圆柱头螺钉画法

(b) 沉头螺钉画法

图 9-20　螺钉画法

2. 螺纹紧固件的连接画法

螺纹紧固件的连接形式通常有螺栓连接、双头螺柱连接和螺钉连接三类。

在实际作图中通常使用的作图方法有:对每一个零件,查找手册,确定它的尺寸,按手册标准要求画图;使用比例画法作图;简画作图。

螺纹紧固件连接画法的一般规定如下:

(1) 两零件表面接触时,画一条粗实线,不接触时画两条粗实线,间隙过小时应夸大画出;

(2) 当剖切面通过螺杆的轴线时,螺柱、螺栓、螺钉、螺母及垫圈等均按不剖切绘制,螺纹连接件的工艺结构如倒角、退刀槽等均可省略不画;

(3) 在剖视图中,相邻两零件可用剖面线的方向或间距来区分。

1）螺栓连接

螺栓连接的特点:用螺栓穿过两个零件的光孔,加上垫圈,用螺母紧固。其中垫圈用来增大支撑面面积,防止损伤被连接的表面。螺栓有效长度 l 在作图时按下式计算:

$$l = \delta_1 + \delta_2 + m + h + a$$

式中:δ_1 和 δ_2 为两连接件的厚度;m 为螺母的厚度;h 为垫圈的厚度;a 为拧紧后螺栓伸出螺母外的长度,$a \approx 0.3d$。

计算出 l 后,根据螺栓的标记查相应标准尺寸,选取标准尺寸数值;也可以使用比例画法。

注意:螺栓的螺纹终止线应高于结合面,低于上端面。

螺栓连接画法如图 9-21 所示,其简化画法如图 9-22 所示。

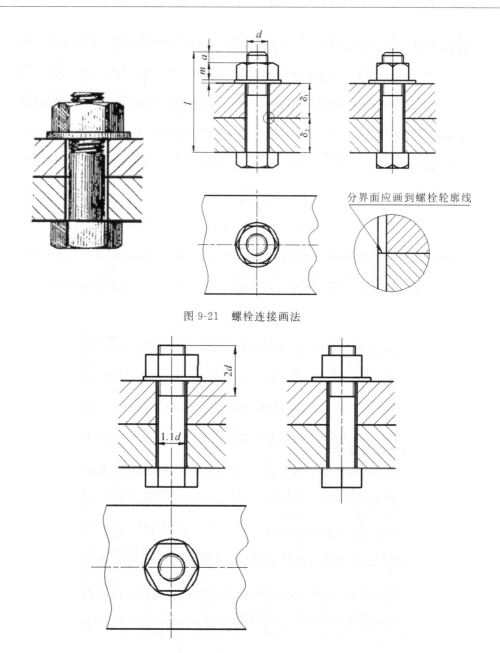

图 9-21　螺栓连接画法

图 9-22　螺栓连接简化画法

2）双头螺柱连接

双头螺柱连接的特点：一端全部旋入被连接零件的螺孔中，另外一端通过被连接件的光孔，用螺母、垫圈紧固。螺柱旋入端的长度 b_m 与机体的材料有关：当机体的材料为钢或青铜等硬材料时，选用 $b_m=d$ 的螺柱；当机体的材料为铸铁时，选用 $b_m=1.25d$ 的螺柱；当机体的材料为铝时，选用 $b_m=2d$ 的螺柱。绘图时按下式估算螺柱的公称长度 l：

$$l=\delta+m+h+a$$

注意：画图时旋入端的螺纹终止线与被连接零件上的螺孔的端面平齐。

双头螺柱连接画法如图 9-23 所示，其简化画法如图 9-24 所示。

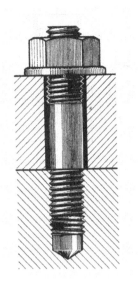
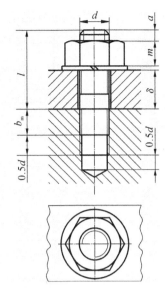
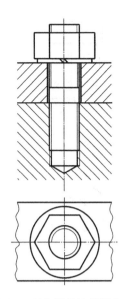

图 9-23　双头螺柱连接画法　　　　　　图 9-24　双头螺柱连接简化画法

3）螺钉连接

螺钉连接的特点：不用螺母，仅靠螺钉与一个零件上的螺孔连接。圆柱头螺钉是以钉头的底平面作为画螺钉的定位面，而沉头螺钉则是以锥面作为画螺钉的定位面。螺纹终止线应在螺孔顶面以上。在垂直于螺钉轴线的投影面上，起子槽通常画成倾斜 45°的粗实线，当槽宽小于 2 mm 时，可涂黑表示。

螺钉的有效长度 l 估算式为：

$$l = \delta + b_\mathrm{m}$$

式中：δ 为板厚；b_m 为螺钉旋入端的长度，其选取方法与双头螺柱相同。初步估算后要查标准件手册，选取合适的值。

螺钉连接画法如图 9-25 所示。

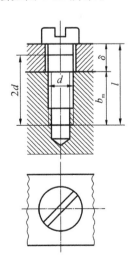
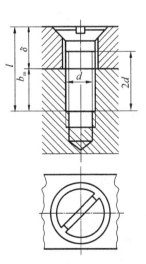

图 9-25　螺钉连接画法

螺钉连接简化画法如图 9-26 所示。

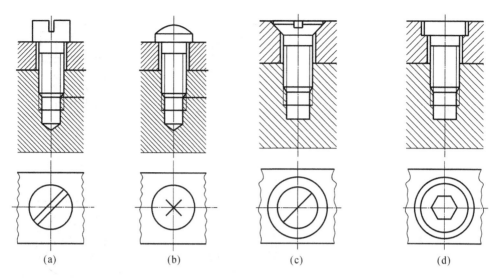

图 9-26 螺钉连接简化画法

紧定螺钉用于防止两相配零件发生相对运动,紧定螺钉的端部形状有平端、锥端等,如图 9-27 所示。

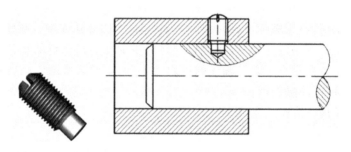

图 9-27 紧定螺钉

课题二 键 和 销

一、键

键用来连接轴及轴上的传动件,如齿轮、皮带轮等零件,起传递扭矩的作用。键一般分为两大类:常用键、花键。

1. 常用键

常用键包括普通平键、半圆键、钩头楔键等,如图 9-28 所示。

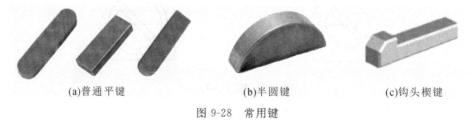

(a)普通平键   (b)半圆键   (c)钩头楔键

图 9-28 常用键

键的标记格式为 标准代号 键 键的公称尺寸，如表 9-5 所示。

表 9-5　常用键的标记示例

名称	图例	规定标记与示例
普通平键		A 型双圆头普通平键，键宽 $b=10$ mm，高 $h=8$ mm，长 $L=36$ mm。 标记示例： GB/T 1096 键 10×36
半圆键		半圆键，键宽 $b=6$ mm，高 $h=10$ mm，$d=25$ mm。 标记示例： GB/T 1099 键 $6\times10\times25$
钩头楔键		钩头楔键，键宽 $b=8$ mm，长 $L=40$ mm。 标记示例： GB/T 1565 键 8×40

1）普通平键

普通平键连接由键、轴上键槽和轮毂上键槽组成。键的长度 L 和宽度 b 根据轴的直径 d 和旋转扭矩的大小，从标准中选取适当值。轴上键槽和轮毂上键槽的尺寸根据轴的直径选取。

轴上键槽及轮毂上键槽的画法如图 9-29 所示。

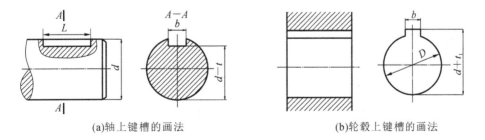

(a)轴上键槽的画法　　　　　　　　　(b)轮毂上键槽的画法

图 9-29　轴上键槽和轮毂上键槽的画法

普通平键连接的画法如图 9-30 所示。

注意：

（1）当剖切面通过轴线及键的对称面时，轴上键槽采用局部剖视，而键按不剖画出；

（2）键的顶面和轮毂上键槽的底面之间有间隙，应画两条线；

（3）当剖切面垂直于轴线时，键和轴也应画剖面线。

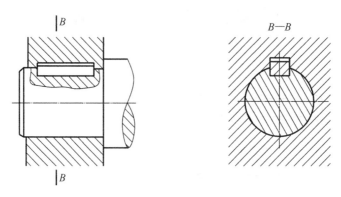

图 9-30　键连接的画法

普通平键的类型有 A(双圆头)、B(方头)、C(单圆头)三种,A 型在标记时可以省略。如表 9-5 中的 A 型双圆头普通平键,标记为:GB/T 1096 键 10×36;如果是单圆头,则标记为:GB/T 1096 键 C10×36。

2)其他常用键

其他常用键在装配图中的连接画法如图 9-31 所示。普通平键、半圆键的两个侧面是工作面,顶面是非工作面,因此,键与键侧面之间应不留间隙,而轮毂上键槽与键顶面之间应留有间隙。钩头楔键的顶面有 1∶100 的斜度,连接时将键打入键槽,因此,键的顶面和底面同为工作面,与槽底和槽顶都没有间隙,键的两侧面为非工作面,与键槽的两侧面留有间隙。

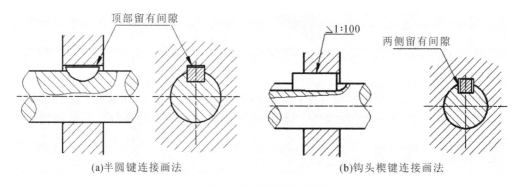

(a)半圆键连接画法　　　　　　　　　　　(b)钩头楔键连接画法

图 9-31　其他常用键连接画法

2. 花键

花键按齿形分可分为矩形花键、渐开线花键等。常用的是矩形花键。

花键是把键直接做在轴和轮孔上,与它们形成整体,因而具有传递扭矩大、连接强度高、工作可靠、同轴度好和导向性好等优点,广泛应用于机床、汽车等的变速箱中。

1)矩形花键

(1)外花键。

在平行于花键轴线的投影面的视图中,大径 D 用粗实线绘制,小径 d 用细实线绘制,花键工作长度 L 的终止端和尾部长度的末端均用细实线绘制,并与轴线垂直,尾部则画成斜线,其倾斜角度一般为与轴线成 30°,必要时可按实际情况画出,如图 9-32 所示。

外花键局部剖视图的画法和垂直于花键轴线投影面(不剖)的视图画法如图 9-33 所示。

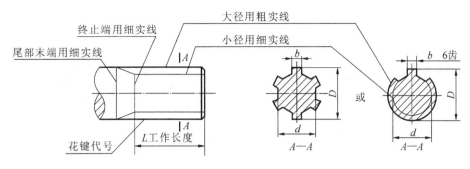

图 9-32　外花键画法(一)

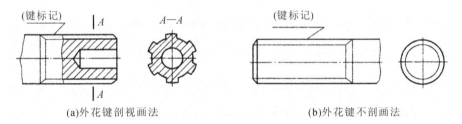

(a)外花键剖视画法　　　　　　　　　　(b)外花键不剖画法

图 9-33　外花键画法(二)

（2）内花键。

在平行于花键轴线的投影面的剖视图中,大径及小径均用粗实线绘制,并用局部视图画出一部分或全部齿形,如图 9-34 所示。

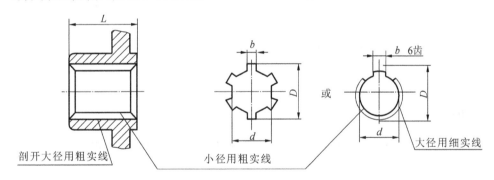

图 9-34　内花键画法

矩形花键连接画法如图 9-35 所示。

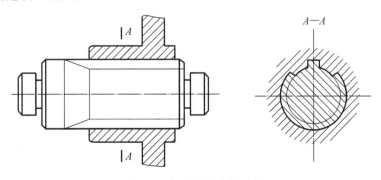

图 9-35　矩形花键连接画法

2）渐开线花键

渐开线花键的分度圆及分度线用点画线绘制，如图 9-36 所示。

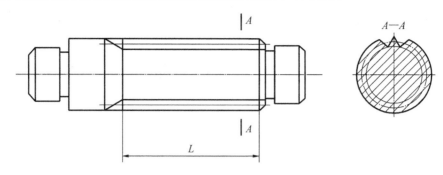

图 9-36　渐开线花键画法

渐开线花键连接用剖视表示时，其连接部分按外花键的画法画，当剖切面通过轴线时花键轴不剖，如图 9-37 所示。

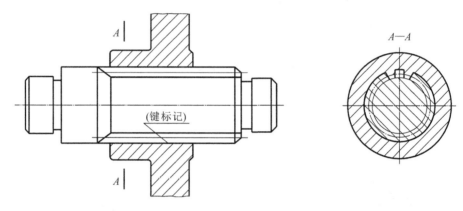

图 9-37　渐开线花键连接画法

二、销

销也是一种标准件，主要用来连接和定位，常用的有圆柱销、圆锥销和开口销等，如图 9-38所示。

(a)圆柱销　　　　　　　　(b)圆锥销　　　　　　　　(c)开口销

图 9-38　销

圆柱销：主要用于定位，也可用于连接，只能传递不大的载荷。

圆锥销：圆锥销分为 A、B 两种形式，有 1：50 的锥度（有自锁作用），定位精度比圆柱销高，销孔需铰制。主要用于定位，也可用于固定零件，传递动力，用于经常装拆的轴上。

开口销：用于锁定其他紧固件，常与六角槽形螺母配合使用。

1. 销的画法及标记(见表 9-6)

表 9-6　常用销的画法及标记示例

名称及标准编号	图例	规定标记示例
圆柱销(不淬硬钢和奥氏体不锈钢 GB/T 119.1—2000) 圆柱销(淬硬钢和马氏体不锈钢 GB/T 119.2—2000)		公称直径 $d=10$ mm,公差为 m6,公称长度 $l=40$ mm,材料为钢,不经淬火,不经表面热处理的圆柱销,其标记为:销 GB/T 119.1 10m6×40
圆锥销 GB/T 117—2000		公称直径 $d=10$ mm,公称长度 $l=40$ mm,材料为 35 钢,热处理硬度为 28~38HRC,表面氧化处理。 A 型圆锥销标记为:销 GB/T 117 10×40 B 型圆锥销标记为:销 GB/T 117 B10×40
开口销 GB/T 91—2000		公称直径 $d=8$ mm,公称长度 $l=60$ mm,材料为 Q235,不经表面处理的开口销,其标记为:销 GB/T 91 8×60

2. 销连接的画法

如图 9-39 所示,当剖切面通过销的轴线时,销按不剖绘制。

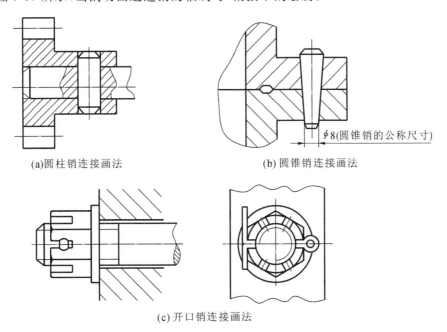

(a)圆柱销连接画法　　　　　　(b)圆锥销连接画法

(c)开口销连接画法

图 9-39　销连接画法

课题三　齿　　轮

　　齿轮是机器中用于传递动力、改变旋向和改变转速的传动件。根据两啮合齿轮轴线在空间的相对位置不同,常见的齿轮传动可分为三种形式,如图 9-40 所示。其中,图 9-40(a)所示的圆柱齿轮用于两平行轴之间的传动;图 9-40(b)所示的圆锥齿轮用于垂直相交两轴之间的传动;图 9-40(c)所示的蜗杆蜗轮则用于交叉两轴之间的传动。

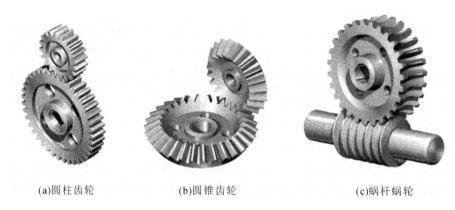

(a)圆柱齿轮　　　　　　　(b)圆锥齿轮　　　　　　　(c)蜗杆蜗轮

图 9-40　常见齿轮传动形式

一、圆柱齿轮

1. 圆柱齿轮各部分名称及参数

圆柱齿轮各部分的名称如图 9-41 所示。

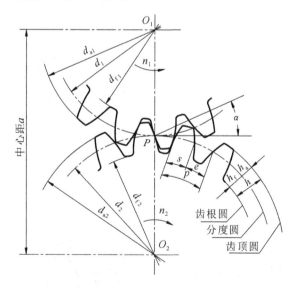

图 9-41　圆柱齿轮各部分的名称

　　(1) 齿顶圆直径(d_a):通过轮齿顶部的圆柱面直径。

　　(2) 齿根圆直径(d_f):通过齿槽根部的圆柱面直径。

　　(3) 齿数(z):齿轮的轮齿个数,用 z 表示。

（4）分度圆直径（d）：齿轮的齿槽宽 e（齿槽、齿廓间的弧长）与齿厚 s（轮齿、齿廓间的弧长）在某圆周上相等的圆称为分度圆，其直径称为分度圆直径。

（5）节圆直径（d'）：当两齿轮啮合时，连心线 O_1O_2 上两相切的圆称为节圆，其直径称为节圆直径，切点 P 称为节点，在标准齿轮中 $d = d'$。

（6）齿距（p）：分度圆上相邻两齿对应齿廓间的弧长。

（7）齿高（h）：齿顶圆与齿根圆之间的径向距离。

（8）齿顶高（h_a）：齿顶圆与分度圆之间的径向距离。

（9）齿根高（h_f）：齿根圆与分度圆之间的径向距离。

（10）齿宽（b）：齿轮轮齿的宽度（沿齿轮轴线方向度量）；

（11）模数（m）：由分度圆周长 $\pi d = pz$，可得 $d = (p/\pi)z$，令 $p/\pi = m$，则 $d = mz$。m 即为模数。模数是齿轮设计中的重要参数，国家标准规定了模数的系列值，如表 9-7 所示。相互啮合的齿轮模数必须相同。

表 9-7　标准模数（m）　　　　　　　　　　　　　　　（单位：mm）

第一系列	1　1.25　1.5　2　2.5　3　4　5　6　7　8　10　12　16　20　25　32
第二系列	1.75　2.25　（3.25）　3.5　（3.75）　4.5　5.5　（6.5）　7　9　（11）　14

注：选用模数时，应先选用第一系列，其次选用第二系列，括号内的模数尽可能不用。

（12）压力角（α）：两齿轮传动时，相啮合的轮齿齿廓在接触点 P 处的受力方向与运动方向的夹角。我国标准齿轮分度圆上的压力角为 20°。

（13）中心距（a）：两啮合齿轮轴线之间的距离。

标准直齿圆柱齿轮各部分尺寸可按表 9-8 所示的公式计算。

表 9-8　标准直齿圆柱齿轮几何尺寸计算公式

名称	代号	计算公式	名称	代号	计算公式
分度圆直径	d	$d = mz$	齿根圆直径	d_f	$d_f = m(z - 2.5)$
齿顶高	h_a	$h_a = m$	齿距	p	$p = \pi m$
齿根高	h_f	$h_f = 1.25m$	齿厚	s	$s = p/2 = \pi m/2$
齿顶圆直径	d_a	$d_a = m(z + 2)$	中心距	a	$a = (d_1 + d_2)/2 = m(z_1 + z_2)/2$

2. 单个圆柱齿轮的画法

单个圆柱齿轮一般用两个视图表达，取平行于齿轮轴向的视图作为主视图，且一般采取全剖或半剖视图，如图 9-42 所示。

（1）非剖视图中齿顶圆和齿顶线用粗实线绘制，分度圆和分度线用细点画线绘制，齿根圆和齿根线用细实线绘制（也可省略不画）；

（2）剖视图中，齿顶圆和齿顶线、齿根圆和齿根线均用粗实线绘制，分度圆和分度线仍用细点画线绘制；

（3）当需要表示斜齿或人字齿的齿线时，可用三条与齿线方向一致的细实线表示其形状。

3. 圆柱齿轮的啮合画法

（1）不剖切时，在垂直于圆柱齿轮轴线的投影面的视图中，两齿轮的节圆应该相切。啮合区内的齿顶圆仍用粗实线画出，也可省略不画。在平行于圆柱齿轮轴线的投影面的视图

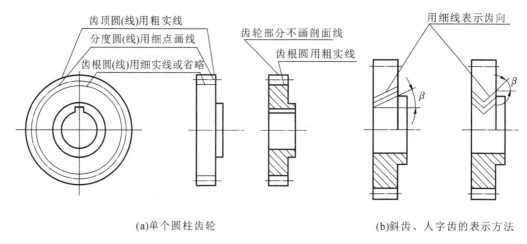

(a)单个圆柱齿轮   (b)斜齿、人字齿的表示方法

图 9-42　单个圆柱齿轮的画法

中,啮合区内的齿顶线不需画出,节线用粗实线绘制,如图 9-43 所示。

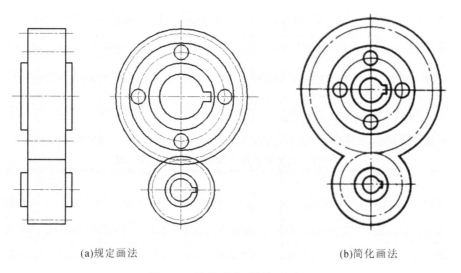

(a)规定画法   (b)简化画法

图 9-43　齿轮啮合不剖切画法

(2) 在剖视图中,当剖切面通过两啮合齿轮的轴线时,在啮合区内,主动齿轮的轮齿(齿顶圆、齿根圆)用粗实线绘制,从动齿轮的轮齿被遮挡的部分(齿顶圆)用虚线绘制,也可以省略不画。

(3) 在剖视图中,当剖切面不通过啮合齿轮的轴线时,齿轮一律按不剖绘制,如图 9-44 所示。

二、圆锥齿轮

圆锥齿轮主要用于垂直相交的两轴之间的运动传递。圆锥齿轮的轮齿位于圆锥面上,因此它的轮齿一端大而另一端小,齿厚由大端到小端逐渐变小,模数和分度圆直径也随之变化。为了设计和制造方便,规定以大端端面模数为标准模数来计算和确定轮齿各部分的尺寸,在图纸上标注的尺寸都是大端尺寸,如图 9-45 所示。

圆锥齿轮的画法基本上与圆柱齿轮相同,只是由于圆锥的特点,在表达和作图方法上较圆柱齿轮复杂。

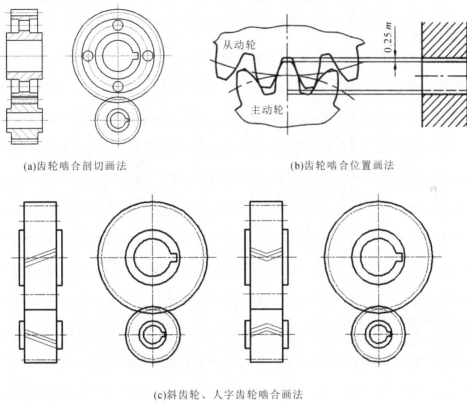

(a)齿轮啮合剖切画法　　　　　　　　　(b)齿轮啮合位置画法

(c)斜齿轮、人字齿轮啮合画法

图 9-44　圆柱齿轮啮合画法

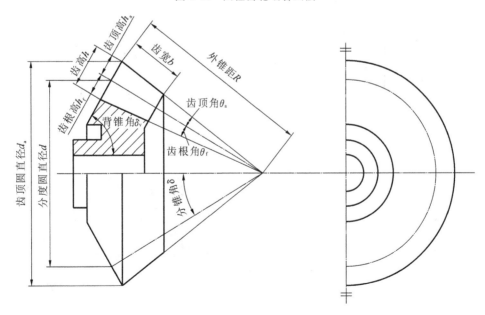

图 9-45　圆锥齿轮

1.单个圆锥齿轮的画法

（1）在投影为非圆的视图中，常采用剖视，其轮齿按不剖处理，用粗实线画出齿顶线和齿根线，用细点画线画出分度线。

（2）在投影为圆的视图中，轮齿部分需用粗实线画出大端和小端的齿顶圆，用细点画线画出大端的分度圆，齿根圆不画。投影为圆的视图一般也可用仅表达键槽、轴孔的局部视图取代，如图 9-46 所示。

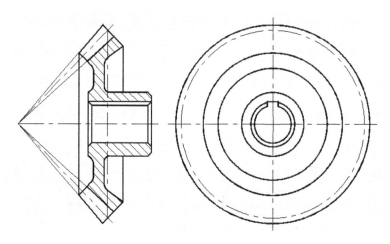

图 9-46　单个圆锥齿轮的画法

2. 圆锥齿轮的啮合画法

圆锥齿轮啮合时，两分度圆锥相切，它们的锥顶交于一点。画图时主视图多用剖视图表示，两分锥角 δ_1 和 δ_2 互为余角，其啮合区的画法与圆柱齿轮类似，如图 9-47 所示。

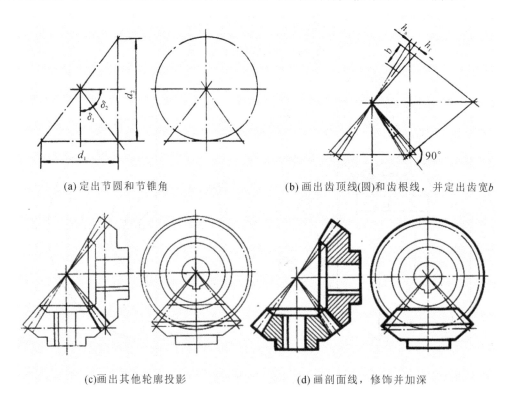

(a) 定出节圆和节锥角　　　　　(b) 画出齿顶线(圆)和齿根线，并定出齿宽 b

(c) 画出其他轮廓投影　　　　　(d) 画剖面线，修饰并加深

图 9-47　圆锥齿轮的啮合画法

三、蜗杆蜗轮

蜗轮实际上是斜齿的圆柱齿轮。为了增加它和蜗杆啮合时的接触面积，延长它的工作寿命，将分度圆柱面改为分度圆环面，蜗轮的齿顶和齿根也形成圆环面。蜗杆蜗轮主要用于传递垂直交叉轴间的运动，其传动比大，结构紧凑，传动平稳，但传动效率低。

1. 蜗杆的画法

蜗杆的形状如同梯形螺杆，轴向剖面齿形为梯形，它的齿顶线、分度线、齿根线画法与圆柱齿轮相同，牙型可用局部剖视图或局部放大图画出。在外形视图中，蜗杆的齿根圆和齿根线用细实线绘制或省略不画。蜗杆的主要尺寸和画法如图9-48所示。

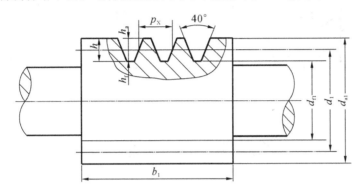

图 9-48　蜗杆的主要尺寸和画法

2. 蜗轮的画法

蜗轮与圆柱齿轮基本相同，但是在蜗轮投影为圆的视图中，轮齿部分只需画出分度圆和齿顶圆，其他圆可省略不画，其他结构形状按投影规律绘制。蜗轮的主要尺寸和画法如图9-49所示。

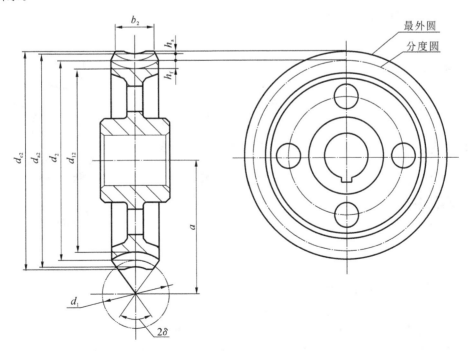

图 9-49　蜗轮的主要尺寸和画法

3.蜗杆蜗轮的啮合画法

蜗杆蜗轮的啮合画法如图 9-50 所示。在主视图中,蜗轮被蜗杆遮住的部分不必画出;在左视图中,蜗轮的分度圆与蜗杆的分度线相切。

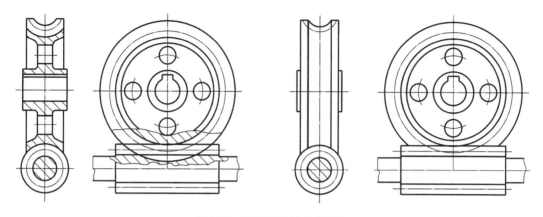

图 9-50　蜗杆蜗轮的啮合画法

课题四　滚 动 轴 承

滚动轴承是用来支承轴的组件,由于具有摩擦阻力小、结构紧凑等优点,在机器中被广泛应用。滚动轴承的结构形式、尺寸均已标准化,由专门的工厂生产,使用时可根据设计要求进行选择。

一、滚动轴承的结构与种类

滚动轴承一般由外圈、内圈、滚动体和保持架组成,如图 9-51 所示。

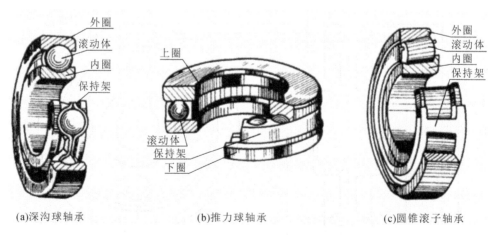

(a)深沟球轴承　　　　　　　　(b)推力球轴承　　　　　　　　(c)圆锥滚子轴承

图 9-51　常用滚动轴承的结构

按承受载荷的方向,滚动轴承可分为三类:

① 主要承受径向载荷,如图 9-51(a)所示的深沟球轴承;

② 主要承受轴向载荷,如图 9-51(b)所示的推力球轴承;

③ 同时承受径向载荷和轴向载荷,如图 9-51(c)所示的圆锥滚子轴承。

二、滚动轴承的代号

滚动轴承常用基本代号表示,基本代号由轴承类型代号、尺寸系列代号、内径代号构成。

1. 轴承类型代号

轴承类型代号用数字或字母表示,如表 9-9 所示。

表 9-9　轴承类型代号(GB/T 272—2017)

代号	0	1	2	3	4	5	6	7	8	N	U	QJ
轴承类型	双列角接触球轴承	调心球轴承	调心滚子轴承	推力调心滚子轴承	圆锥滚子轴承	双列深沟球轴承	推力球轴承	深沟球轴承	角接触球轴承	推力圆柱滚子轴承	圆柱滚子轴承	外球面球轴承	四点接触球轴承

2. 尺寸系列代号

尺寸系列代号由轴承宽(高)度系列代号和直径系列代号组合而成,一般用两位数字表示(有时省略其中一位)。它的主要作用是区别内径(d)相同而宽度和外径不同的轴承。具体代号需查阅相关标准。

3. 内径代号

内径代号表示轴承的公称内径,一般用两位数字表示。

(1) 内径代号数字为 00、01、02、03 时,分别表示内径 $d=10$ mm、12 mm、15 mm、17 mm。

(2) 内径代号数字为 04~96 时,代号数字乘以 5,即得轴承内径。

(3) 轴承公称内径为 1~9 mm、22 mm、28 mm、32 mm、500 mm 或大于 500 mm 时,其内径代号用公称内径毫米数值直接表示,但与尺寸系列代号之间用"/"隔开,如"深沟球轴承 62/22,$d=22$ mm"。

例 9-6　6209

09 为内径代号,$d=45$ mm;2 为尺寸系列代号(02),其中宽度系列代号 0 省略,直径系列代号为 2;6 为轴承类型代号,表示深沟球轴承。

例 9-7　62/22

22 为内径代号,$d=22$ mm(用公称内径毫米数值直接表示);2 和 6 与例 9-6 的含义相同。

例 9-8　30314

14 为内径代号,$d=70$ mm;03 为尺寸系列代号(03),其中宽度系列代号为 0,直径系列代号为 3;3 为轴承类型代号,表示圆锥滚子轴承。

三、滚动轴承的画法

滚动轴承有规定画法和简化画法两种画法。在装配图中,滚动轴承的轮廓按外径 D、内径 d、宽度 B 等实际尺寸绘制,其余部分用简化画法或用示意画法绘制,但在同一图样中一般只采用其中一种画法。常用滚动轴承的画法如表 9-10 所示。

表 9-10　常用滚动轴承的画法 (GB/T 4459.7—2017)

滚动轴承类型	主要尺寸数据	规定画法	简化画法	装配示意图
深沟球轴承 60000	D d B	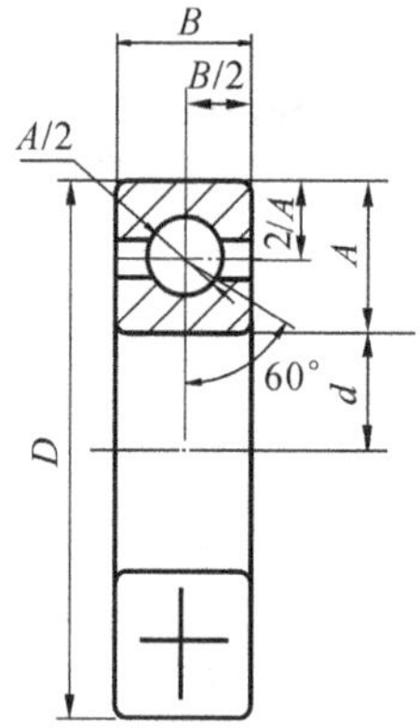	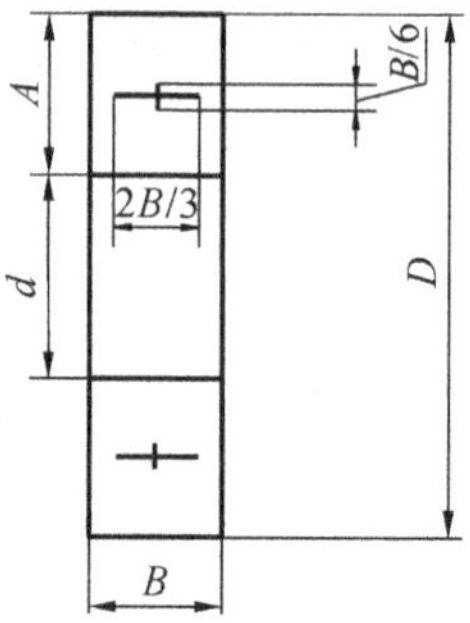	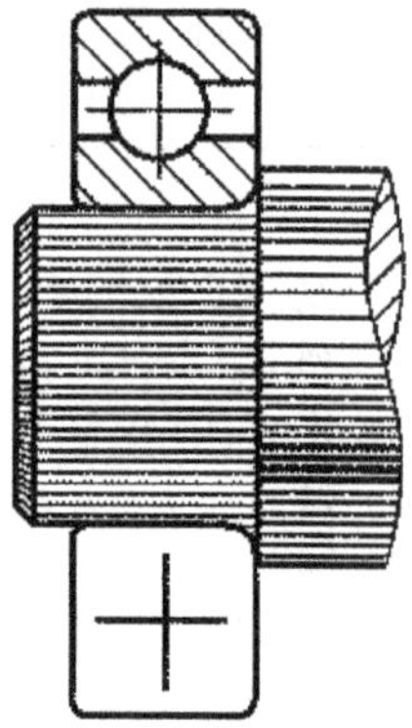
圆锥滚子轴承 30000	D d B T C	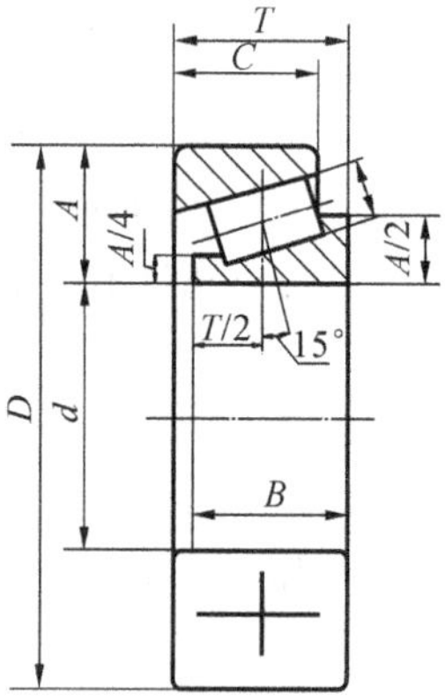	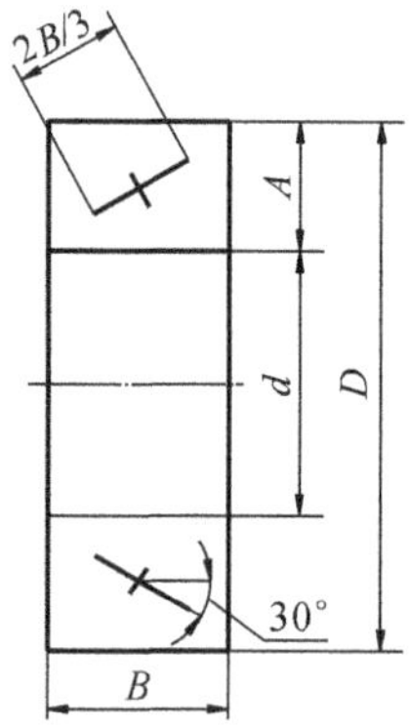	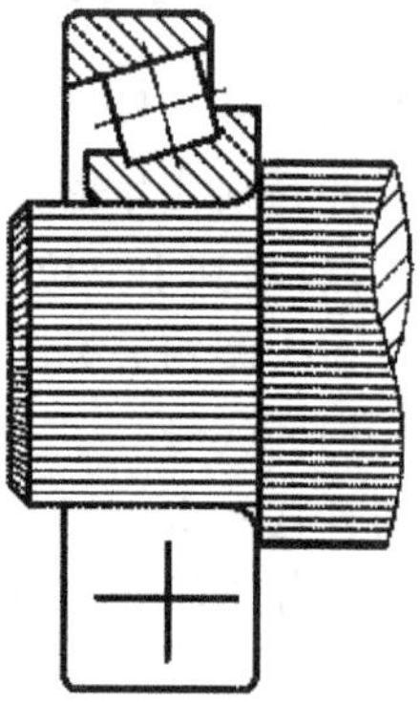
推力球轴承 50000	D d T	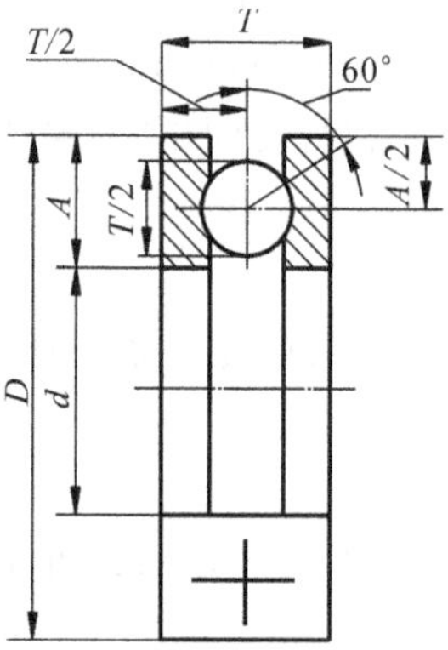	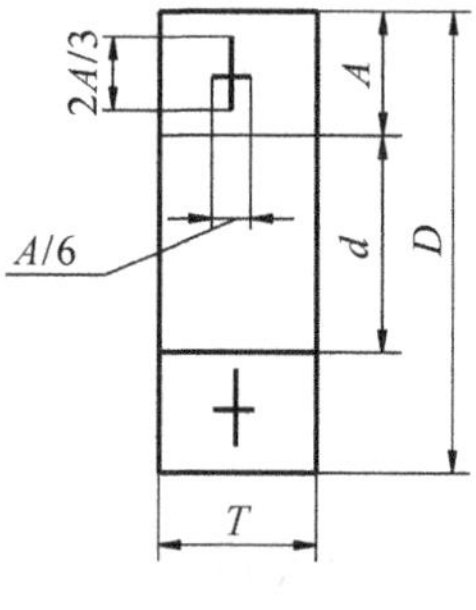	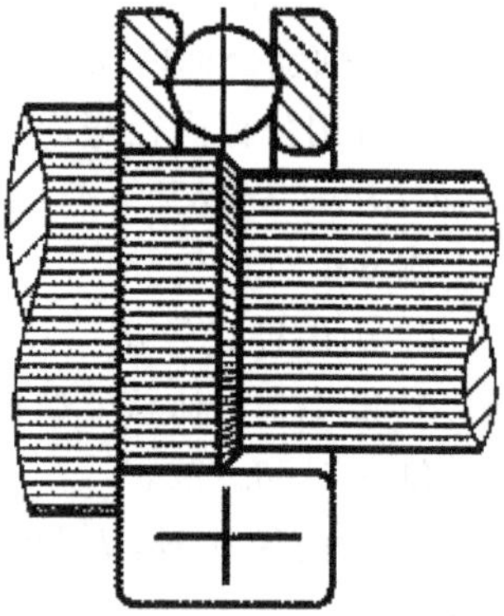

画滚动轴承时要注意以下几点：

(1) 在规定画法、简化画法和示意画法中，各种符号、矩形线框和轮廓线均用粗实线绘制。

(2) 无论采用哪一种画法，滚动轴承的轮廓应与其实际尺寸即外径 D、内径 d、宽度 B (或 T，或 T、B、C) 一致，并与所属图样采用同一比例。

(3) 在剖视图中，采用简化画法时，一律不画剖面线；采用规定画法时，轴承的滚动体不画剖面线,其一侧外圈和内圈可画方向和间隔一致的剖面线,另外一侧使用十字符号简化表示。

（4）滚动轴承端面图画法如图 9-52 所示。

（5）滚动轴承装配图画法如图 9-53 所示。

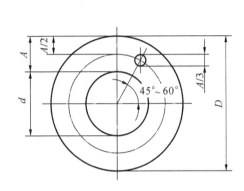

图 9-52　滚动轴承端面图画法

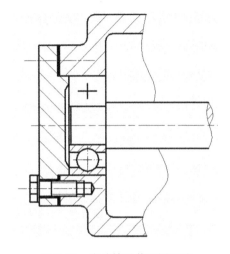

图 9-53　滚动轴承装配图画法

课题五　弹　　簧

弹簧是一种利用弹性来工作的机件,一般用弹簧钢制成,用于控制机件的运动、缓和冲击或振动、储蓄能量、测量力的大小等,广泛用于机器、仪表中。弹簧的种类复杂多样,按形状分,主要有螺旋弹簧、蜗卷弹簧、钢板弹簧等,如图 9-54 所示。

(a)螺旋弹簧　　　　　　　　(b)蜗卷弹簧　　　　(c)钢板弹簧

图 9-54　弹簧

一、圆柱弹簧的基本结构及各部分名称

圆柱弹簧的基本结构及各部分名称如表 9-11 所示。

表 9-11　圆柱弹簧的基本结构及各部分名称

名　称	符号	说　明	图　例
型材直径	d	制造弹簧用的材料的直径	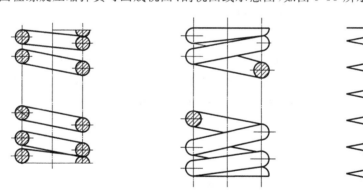
弹簧的外径	D	弹簧的最大直径	
弹簧的内径	D_1	弹簧的最小直径	
弹簧的中径	D_2	$D_2 = D - d = D_1 + d$	
有效圈数	n	为了工作平稳，n 一般不小于 3	
支承圈数	n_0	弹簧两端并紧和磨平（或锻平），仅起支承或固定作用的圈数（一般取 1.5、2 或 2.5）	
总圈数	n_1	$n_1 = n + n_0$	
节　距	t	相邻两有效圈上对应点间的轴向距离	
自由高度	H_0	未受载荷作用时的弹簧高度 $H_0 = nt + (n_0 - 0.5)d$	
展开长度	L	制造弹簧所需材料的长度，$L \approx \pi D n_1$	

二、圆柱螺旋压缩弹簧的规定画法

1. 绘制规定

（1）圆柱螺旋压缩弹簧可画成视图、剖视图或示意图，如图 9-55 所示。

图 9-55　圆柱螺旋压缩弹簧

（2）在平行于圆柱螺旋压缩弹簧轴线的投影面的视图中，各圈的外轮廓线应画成直线。

（3）圆柱螺旋压缩弹簧均可画成右旋，但左旋圆柱螺旋压缩弹簧不论画成左旋或右旋，必须加注"LH"。

（4）当弹簧的有效圈数大于 4 时，可以只画出两端的 1 圈或 2 圈（支承圈除外），中间部分省略不画，用通过弹簧钢丝中心的两条点画线表示，并允许适当缩短图形的长度。

（5）对于圆柱螺旋压缩弹簧，如要求两端并紧且磨平，不论支承圈数多少和末端贴紧情况如何，均按图 9-56(a)所示（有效圈数是整数，支承圈数为 2.5）形式绘制。必要时也可按支承圈的实际结构绘制。

（6）在装配图中，型材直径或厚度在图形上等于或小于 1 mm 的圆柱螺旋压缩弹簧，允许用示意图绘制，如图 9-56(b)所示。当弹簧被剖切时，剖面直径或厚度在图形上等于或小于 2 mm时,也可涂黑表示,且各圈的轮廓线不画,如图 9-56(c)所示。

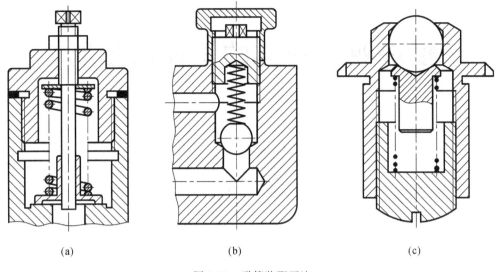

图 9-56　弹簧装配画法

2. 绘制过程

圆柱螺旋压缩弹簧绘制过程如图 9-57 所示。

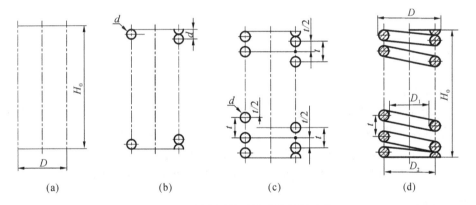

图 9-57　圆柱螺旋压缩弹簧绘制过程

模块四　图样的识读与绘制

　　本模块为课程的综合应用,是本教材的重点部分。识读与绘制机械图样是学生应具备的核心能力之一,在学生职业技能的学习、形成过程中起到了关键性和基础性的作用。零件图与装配图为最常见的图样,本模块将介绍零件图与装配图的有关知识。

项目十　零　件　图

任务描述

　　任何机器或部件都是由零件装配而成的。零件图是表达零件的结构形状、尺寸及技术要求的图样,是制造、检验零件的主要依据,是设计、生产和检验过程中的主要技术资料。本项目主要介绍各类零件的视图选择和尺寸标注,零件的铸造工艺和机械加工工艺知识,识读零件图的方法,技术要求的基本概念及在图样中的标注。通过本项目的学习和训练,读者能了解零件图在机械工程中的应用,并能识读一般的零件图样,绘制简单的零件图。

知识目标

　　(1) 了解零件图的作用和内容,掌握绘制和识读零件图的方法;
　　(2) 掌握典型零件的表达方法和尺寸标注的方法及步骤。

能力目标

　　(1) 正确并合理地标注零件图的尺寸;
　　(2) 能够查阅相关的技术标准文件,并标注和识读零件图上的尺寸公差、形位公差和表面粗糙度等技术要求。

课题一　零件图的基本知识

　　零件图是设计部门提交给生产部门的重要技术文件,它不仅反映了设计者的设计意图,而且表达了零件的各种技术要求,如尺寸精度、表面粗糙度等。工艺部门要根据零件图进行毛坯制造、工艺规程和工艺装备等的设计。零件图是制造和检验零件的重要依据。

本课题主要介绍零件图的作用与内容。

一、零件图的作用

零件图是表达单个零件形状、大小和特征的图样,也是在制造和检验零件时所用的图样,又称零件工作图。在生产过程中,需根据零件图样和图样的技术要求进行生产准备、加工制造及检验,因此,它是指导零件生产的重要技术文件。零件图应遵循 GB/T 17451—1998《技术制图 图样画法 视图》的规定,根据物体的结构特点选用适当的表达方法,在完整、清晰地表达物体形状的前提下,力求制图简便。

二、零件图的内容

图 10-1 所示是轴的零件图,从图中可知,一张完整的零件图应包括以下内容。

1. 一组视图

在零件图中,须用一组视图将零件各部分的结构形状正确、完整、清晰、合理地表达出来。应根据零件的结构特点选择适当的剖视图、断面图、局部放大图等表示方法,用最简明的方法将零件的形状、结构表达出来。

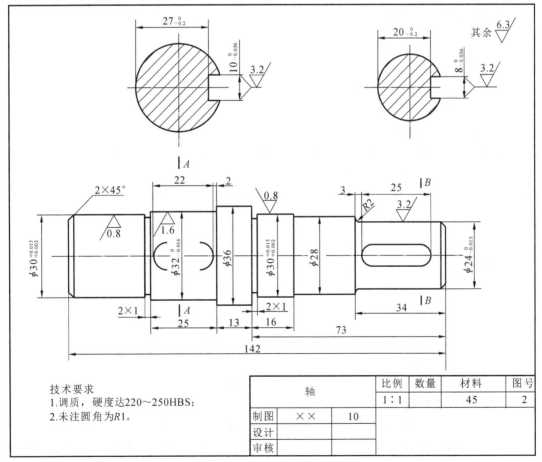

图 10-1　轴的零件图

2. 尺寸

零件图上的尺寸不仅要标注得完整、清晰、正确,而且还要合理,既能够满足设计意图,又适宜于加工制造和检验。

3. 技术要求

零件图上的技术要求包括表面粗糙度、尺寸极限与配合、表面形状公差和位置公差、表面处理、热处理、检验等要求。零件制造后要满足这些要求才能算是合格产品。

4. 标题栏

对于标题栏的格式,国家标准 GB/T 10609.1—2008 已做了统一规定,本书项目一已做介绍。画图时应尽量采用标准推荐的标题栏格式。零件图标题栏的内容一般包括零件名称、材料、数量、比例、图号,以及设计、描图、绘图、审核人员的签名等。

课题二　零件表达方案的选择

表达一个零件所选用的一组图形,应能完整、正确、清晰、简明地表达各部分的内外形状和结构,便于标注尺寸和技术要求,且画图方便。为此在画图之前要详细考虑主视图的选择和视图配置等问题。

一、主视图的选择

主视图是零件图的核心,主视图的选择直接影响其他视图的位置和数量,以及读图的方便性和图幅的利用率。所以主视图选择一定要慎重。

选择主视图就是要确定零件的摆放位置和主视图的投射方向。因此在选择主视图时,要考虑以下原则。

1. 以加工位置为主视图

加工位置是零件加工时在机床上的装夹位置。如轴套类零件加工的大部分工序是在车床或磨床上进行的,因此不论工作位置如何,一般均将轴线水平放置画主视图,如图 10-2 所示。这样有利于操作者在加工时直接对照图物,既便于看图,又可减少差错。

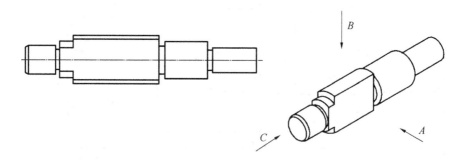

图 10-2　轴套类零件的加工位置

2. 以工作位置选取主视图

工作位置是指零件装配在机器或部件中工作时的位置。如图 10-3 所示的吊钩和图 10-4 所示的支座,主视图就是根据它们的工作位置、安装位置并尽量多地反映其形状特征的原则选定的。主视图的位置和工作位置一致,能较容易地想象零件在机器或部件中的工作状况。

3.形状特征最明显

主视图要能将组成零件的各形体之间的相互位置和主要形体的形状、结构表达得最清楚。这主要取决于投射方向的选定，如图10-4所示的支座，以 A 向、B 向投射都反映它们的工作位置。但经过比较，B 向将圆筒、支撑板的形状和四个组成部分的相对位置表现得更清楚，故以 B 向作为主视图的投射方向，利于看图。

在选择主视图时，工作位置和加工位置不一定同时满足，要根据零件的结构特征、看图是否方便全面考虑。

图10-3 吊钩的工作位置

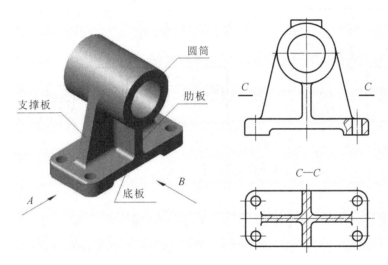

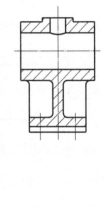

图10-4 支座的主视图选择

二、其他视图的选择

对于结构形状较复杂的零件，只画主视图不能完全反映其结构形状，必须选择其他视图，并选择合适的表达方法。

其他视图的选择原则是：配合主视图，在完整、清晰地表达零件结构形状的前提下，视图数量尽可能少。所以，配置其他视图时应注意以下几个问题：

（1）每个视图都有明确的表达重点和独立存在的意义，各个视图互相配合、互相补充，表达内容尽量不重复。

（2）根据零件的内部结构选择恰当的剖视图和断面图，但不要使用过多的局部视图或局部剖视图，以免图形分散零乱，给读图带来困难。

（3）对尚未表达清楚的局部形状和细小结构，补充必要的局部视图和局部放大图。

（4）能采用省略、简化画法的要尽量采用。

同一零件的表示方案不是唯一的，应多考虑几种方案，进行比较，然后确定一个较佳方案。如图10-5所示的轴承座，有两个表达方案，如图10-6所示，其中方案(a)较为合理。

图10-5 轴承座

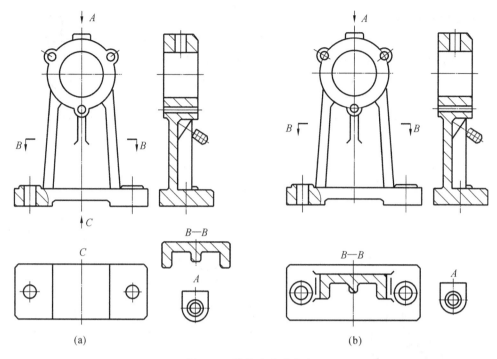

图 10-6　轴承座表达方案

课题三　零件的常见工艺结构

零件的结构形状既要满足设计要求,又要满足加工制造方便的要求,否则使制造工艺复杂化,甚至产生废品。因此,本课题介绍零件上常用的一些合理工艺结构。

一、铸造工艺结构

1. 壁厚均匀

铸件的壁厚如果不均匀,则冷却的速度就不一样。薄的部位先冷却凝固,厚的部位后冷却凝固,凝固收缩时没有足够的金属液来补充,就容易产生缩孔和裂纹。因此铸件壁厚应尽量均匀或采用逐渐过渡的结构,如图 10-7 所示。

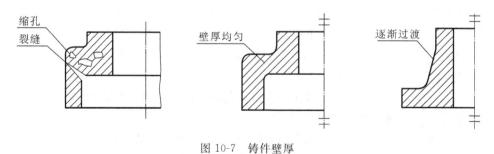

图 10-7　铸件壁厚

2. 铸造圆角

铸件表面相交处应有圆角,以免铸件冷却时产生缩孔或裂纹,同时防止脱模时砂型落砂,如图 10-8 所示。

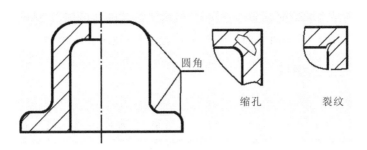

图 10-8 铸造圆角

3. 拔模斜度

铸件在拔模时,为了起模顺利,在沿拔模方向的内外壁上应有适当斜度,称为拔模斜度,如图 10-9 所示。拔模斜度一般为 1:20,通常在图样上不画出,也不标注,如有特殊要求,可在技术要求中统一说明。

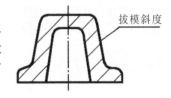

图 10-9 拔模斜度

4. 过渡线

铸件两个非切削表面相交处一般均做成过渡圆角,所以两表面的交线就变得不明显。这种交线称为过渡线。当过渡线的投影和面的投影重合时,按面的投影绘制;当过渡线的投影不与面的投影重合时,过渡线按其理论交线的投影用细实线绘出,但线的两端要与其他轮廓线断开。

(1)如图 10-10 所示,两外圆柱表面均为非切削表面,相贯线为过渡线。在俯视图和左视图中,过渡线与柱面的投影重合;而在主视图中,相贯线的投影不与任何表面的投影重合,所以,相贯线的两端与轮廓线断开。当两个柱面直径相等时,在相切处也应该断开。

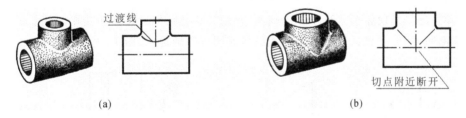

(a)   (b)

图 10-10 相贯线为过渡线的画法

(2)如图 10-11 所示,平面与平面、平面与曲面相交,(a)中三棱柱肋板的斜面与底板上表面的交线的水平投影不与任何平面重合,所以两端断开,(b)中圆柱截交线的水平投影按过渡线绘制。

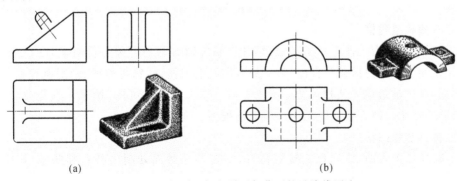

(a)   (b)

图 10-11 平面与平面、平面与曲面的过渡线画法

　　应特别注意的是两非切削表面的交线,虽然由于铸造圆角的原因变得不明显,形成了过渡线,但若其三面投影均与平面或曲线的投影重合,则不按过渡线绘制。

二、机械加工工艺结构

1. 圆角和倒角

　　阶梯的轴和孔,为了避免在轴肩、孔肩处应力集中,常以圆角过渡。轴和孔的端面上加工成45°或其他度数的倒角,其目的是便于安装和操作安全。轴、孔的标准倒角和圆角的尺寸可由 GB/T 6403.4—2008 查得,其尺寸标注方法如图 10-12 所示。零件上倒角尺寸全部相同时,可在图样右上角注明"全部倒角 C×(×为倒角的轴向尺寸)";零件倒角尺寸无一定要求时,可在技术要求中注明"锐边倒钝"。

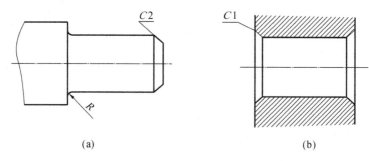

(a)　　　　　　　　　　　　　　　(b)

图 10-12　圆角和倒角的标注

2. 钻孔结构

　　用钻头加工盲孔时,由于钻头尖部有 120°的圆锥面,所以盲孔的底部总有一个 120°的圆锥面。扩孔加工也将在直径不等的两柱面孔之间留下 120°的圆锥面。

　　钻孔时,应尽量使钻头垂直于孔的端面,否则易将孔钻偏或将钻头折断。当孔的端面是斜面或曲面时,应先把该面铣平或制作成凸台或凹坑等结构,如图 10-13 所示。

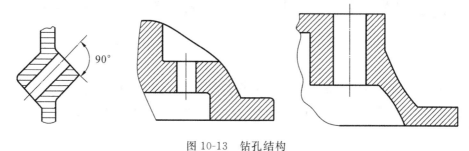

图 10-13　钻孔结构

3. 退刀槽和越程槽

　　在切削加工中,为了使刀具易于退出,并在装配时容易与有关零件靠紧,常在加工表面的台肩处先加工出退刀槽或越程槽,常见的有螺纹退刀槽、砂轮越程槽、刨削越程槽等,如图 10-14 所示,图中的数据可从相关的标准中查取。退刀槽一般可按"槽宽×直径"或"槽宽×槽深"的形式标注。越程槽一般用局部放大图画出。

4. 工艺凸台和凹坑

　　为了减少加工表面,使配合面接触良好,常在两接触面处制出凸台和凹坑,如图 10-15 所示。

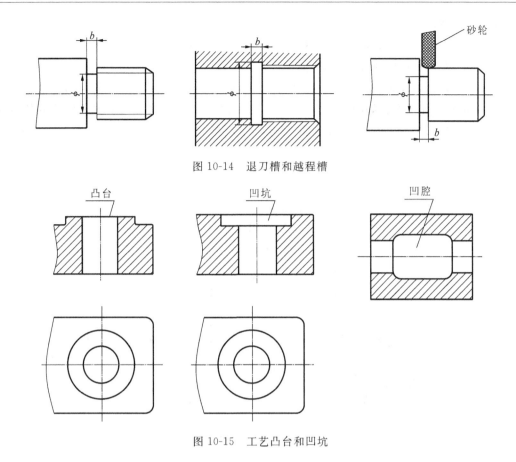

图 10-14　退刀槽和越程槽

图 10-15　工艺凸台和凹坑

课题四　零件图上的尺寸标注

　　在分析零件形状结构的基础上标注尺寸,除要求尺寸完整、布置清晰,并符合国家标准中的尺寸注法的规定外,还要求标注合理,既要符合设计要求,又要便于制造、检验、测量和装配。

　　将尺寸标注得完整,需利用形体分析法;将尺寸标注得清晰,需仔细推敲每一个尺寸的标注位置。这两项要求已在前面的尺寸注法中做了讨论,本课题重点讨论尺寸标注的合理问题。

　　所谓尺寸标注得合理,是指标注的尺寸既要符合零件的设计要求,又要便于加工、检验、测量和装配。这就要求根据零件的设计和加工工艺要求,正确地选择尺寸基准,恰当地配置零件的结构尺寸。

一、尺寸基准及其选择

　　零件在设计、制造和检验时,计量尺寸的起点为尺寸基准。根据作用不同,尺寸基准可分为设计基准、工艺基准等。根据基准主次所处位置不同,尺寸基准可分为主要基准和辅助基准。

1. 设计基准

根据设计要求,用以确定零件在机器中位置的点、线、面,称为设计基准。从设计基准出发标注尺寸,可以直接反映设计要求,能体现所设计零件在部件中的功用。

如图 10-16 所示,支座的孔中心高为 30,应根据其安装面(底面)来设计确定,因此底面是高度方向的设计基准。如图 10-17 所示,确定齿轮轴在箱体中的安装轴向位置的依据是 $\phi24$ 圆柱左边的轴肩,确定径向位置的依据是轴线,所以设计基准是 $\phi24$ 圆柱左边的轴肩和轴线。

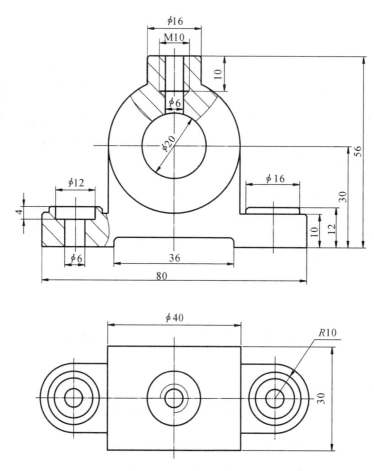

图 10-16　支座的尺寸基准

2. 工艺基准

在加工、检验、测量时,确定零件在机床或夹具中位置所依据的点、线、面,称为工艺基准。从工艺基准出发标注尺寸,可以直接反映工艺要求,便于操作和保证加工、测量质量。如图 10-17 所示的齿轮轴在车床上加工时,车刀每次的车削位置,都是以左边的端面为基准来定位的,所以在标注轴向尺寸时,也以它为工艺基准,其轴线与车床主轴的轴线一致,轴线也是工艺基准。

3. 主要基准和辅助基准

沿零件长、宽、高三个方向各有一个或几个尺寸基准,一般在三个方向上各选一个设计基准作为主要基准。其余为加工测量方便而附加的尺寸基准称为辅助基准(一般为工艺基准)。如图 10-16 所示,支座高度方向的主要基准是安装底面,也是设计基准,高度尺寸 30、

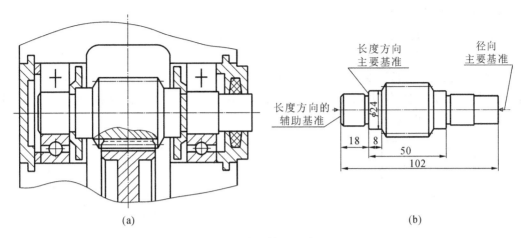

图 10-17　齿轮轴的尺寸基准

56 都以它为基准注出,安装底面是尺寸 30 的主要基准,顶面上螺纹孔的深度 10 是以顶面为辅助基准注出的,以便于加工测量。辅助基准和主要基准必须要有直接的联系尺寸。如图 10-16 中的 56 和图 10-17 中的 18 都是辅助基准与主要基准的直接联系尺寸。

　　主要基准应与设计基准和工艺基准重合,工艺基准应与设计基准重合,这一原则称为"基准重合原则"。当工艺基准与设计基准不重合时,主要基准要与设计基准重合。如图 10-17 中长度方向的主要基准是设计基准,而径向的主要基准既是设计基准又是工艺基准。

　　根据以上分析,一般选作零件图尺寸基准的线或面是:

　　(1)零件的主要加工面、主要端面、主要支撑面、配合和安装面。

　　(2)零件的对称面。

　　(3)零件的主要回转面的轴线。

二、尺寸标注的基本原则

1. 零件上重要的尺寸必须直接注出

　　重要尺寸主要是指直接影响零件在机器中的工作性能和位置关系的尺寸,常见的如零件之间的配合尺寸、重要的安装定位尺寸等。如图 10-18 所示的轴承座是左右对称的零件,轴承孔的中心高 H_1 和安装孔的距离尺寸 L_1 是重要尺寸,必须直接注出,如图 10-18(a)所示,而图 10-18(b)中的重要尺寸需依靠间接计算才能得到,这样容易造成误差积累。

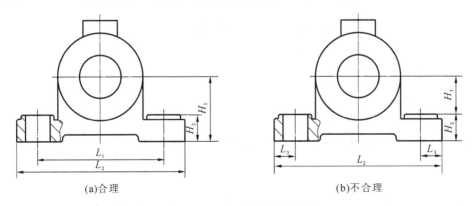

图 10-18　重要尺寸直接注出

2. 避免出现封闭的尺寸链

封闭的尺寸链是指首尾相接,形成一整圈的一组尺寸。如图 10-19 所示的阶梯轴,长度 b 有一定的精度要求。图(a)中选出一个不重要的尺寸空出,加工的所有误差就积累在这一段上,保证了长度 b 的精度要求。而图(b)中长度方向的尺寸 b、c、e 、d 首尾相接,构成一个封闭的尺寸链,加工时,尺寸 c、d、e 都会产生误差,这样所有的误差都会积累到尺寸 b 上,不能保证尺寸 b 的精度要求。

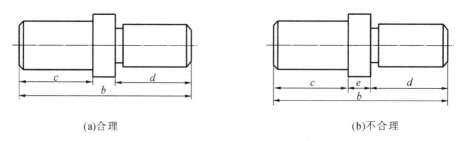

(a)合理　　　　　　　　　　　　　　　　　(b)不合理

图 10-19　避免出现封闭的尺寸链

3. 标注尺寸要便于加工和测量

1) 要符合加工顺序的要求

按加工顺序标注尺寸,符合加工过程。如图 10-20 所示的轴,标注轴向尺寸时,先考虑各轴段外圆的加工顺序(参看图 10-21),按照加工过程注出尺寸,既便于加工又便于测量。

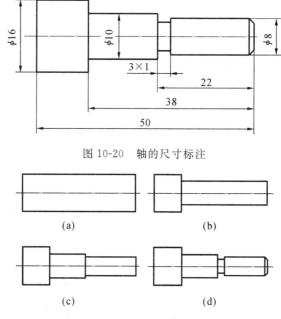

图 10-20　轴的尺寸标注

(a)　　　　　　　　　　　　(b)

(c)　　　　　　　　　　　　(d)

图 10-21　轴的加工顺序

2) 要符合测量顺序的要求

如图 10-22 所示的阶梯孔,图(a)的标注方法便于测量,而图(b)的标注方法则不便于测量。

3) 要符合加工要求

退刀槽的尺寸是由切槽刀的宽度决定的,所以应将其单独注出,标注方式为"槽宽×槽深",或者"槽宽×直径"。为使不同工种的工人看图方便,同一工种的加工尺寸也要适当集

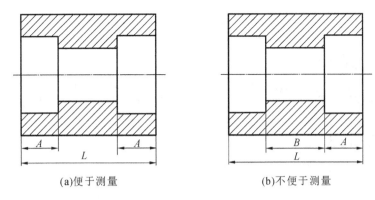

图 10-22 孔的尺寸标注

中标注,如图 10-1 中的键槽是铣削出来的,集中标注在上方。而车削需要的尺寸标注在下方。应将零件上加工面和非加工面的尺寸尽量分别注在图形的两边,如图 10-1 所示轴的零件图中 2×1 单独注出,铣床加工的键槽尺寸注在上方,而车床加工的尺寸注在下方。

三、常见孔的尺寸标注

螺孔、沉孔、锪孔和光孔是零件上常见的结构,它们的尺寸注法分为普通注法和旁注法及简化注法,如表 10-1 所示。

表 10-1 常见孔的尺寸标注示例

孔的类型		旁注法及简化注法	普通注法	说　明
螺孔	通孔	3×M6-6H　3×M6-7H	3×M6-7H	3×M6 表示均匀分布、直径是 6 mm 的 3 个螺孔。三种注法可任选一种
	不通孔	3×M6▽10　3×M6▽10	3×M6	只注螺孔深度时,可以与螺孔直径连注
	不通孔	3×M6-6H▽10 孔▽12　3×M6-6H▽10 孔▽12	3×M6	需要注出光孔深度时,应明确标注深度尺寸

孔的类型		旁注法及简化注法	普通注法	说　明
沉孔	柱形沉孔	4×φ6 ⊔φ12↓5　　4×φ6 ⊔φ12↓5	 5 4×φ6	4×φ6 为小直径的柱孔尺寸,φ12↓5 为大直径的柱孔尺寸
	锥形沉孔	6×φ8 ∨φ13×90°　　6×φ8 ∨φ13×90°	90° φ13 6×φ8	6×φ8 表示均匀分布、直径为 8 mm 的 6 个孔,沉孔尺寸为锥形部分的尺寸
	锪平孔	4×φ6 ⊔φ12　　4×φ6 ⊔φ12	φ12锪平 4×φ6	4×φ6 为小直径的柱孔尺寸。锪平部分的深度不注,一般锪平到不出现毛面为止
光孔	锥销孔	锥销孔φ4 配作　　锥销孔φ4 配作	φ4 配作	锥销孔小端直径为φ4,并与相连接的另一零件一起配铰
	精加工孔	4×φ6H7↓10 孔↓12　　4×φ6H7↓10 孔↓12	4×φ6H7 10 12	4×φ6 为均匀分布直径 4 mm 的 4 个孔,精加工深度为 10 mm,光孔深 12 mm

四、典型零件的视图选择及尺寸标注分析

　　工程实际中的零件结构千变万化,但根据它们在机器(或部件)中的作用和形体特征,通过比较归纳,从总体结构上可将其大致分为轴套类零件、轮盘类零件、叉架类零件、箱体类零件等。每类零件的表达方法有共同的一面,掌握相应零件的表达方法后,找出一些规律性的东西,做到举一反三、触类旁通。

1.轴套类零件

　　轴主要是用来支撑传动零件、传递扭矩和承受载荷的。根据结构、形状的不同,轴类零件可分为光轴、阶梯轴、空心轴和曲轴等。套一般是装在轴上,起轴向定位、传动或连接作用的,用于支撑和保护传动零件或其他零件。大多数轴套类零件是旋转体零件,轴向尺寸比径向尺寸大得多,并且根据结构和工艺的要求,轴向常有一些典型工艺结构,如键槽、退刀槽、

砂轮越程槽、挡圈槽、轴肩、花键、中心孔、螺纹、倒角等。轴套类零件主要在车床或磨床上加工。

1）视图选择分析

轴套类零件主视图轴线水平放置（加工位置），便于加工时图物对照，并反映了轴向结构形状，一般用一个主视图。轴类常用局部剖，套类常用全剖或局部剖，用断面图、局部放大图表示工艺结构。如图 10-23 所示为轴套零件图，图 10-24 所示为齿轮轴零件图。

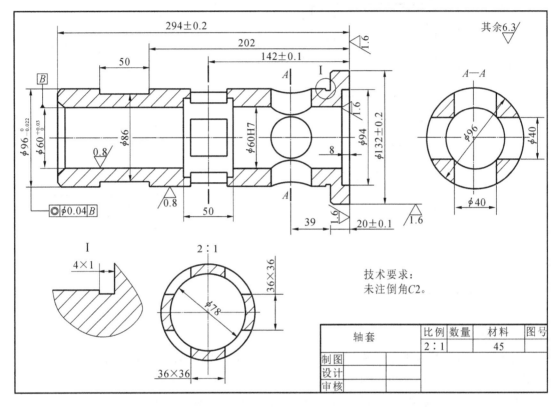

图 10-23　轴套零件图

2）尺寸标注分析

轴套类零件有轴向和径向两个方向的主要尺寸，径向尺寸的主要基准为轴线，轴向尺寸的主要基准一般选取重要定位面。如图 10-23 所示的轴套，轴线是径向的主要基准，右边的端面是轴向的主要基准，而 $\phi132\pm0.2$ 的左边端面是一个辅助基准，方便测量。重要尺寸应直接注出，如图 10-24 所示的齿轮轴中两处 $\phi20^{+0.023}_{+0.008}$ 和两处 18 和 50 都是重要尺寸，是用来安装滚动轴承和轴向定位的。轴套类零件的标准结构如倒角、倒圆、退刀槽、砂轮越程槽、键槽等，其尺寸应查阅相关标准，按规定或简化方法注出。尽量按加工的顺序来安排尺寸，并把不同工序的尺寸分别集中，使读图加工更为方便。

3）技术要求

有配合要求或相对位置要求的轴段，其表面粗糙度、尺寸公差、形位公差都有较高的要求，如图 10-24 中 $\phi20^{+0.023}_{+0.008}$ 的部位是安装滚动轴承的，选用 k6，表面粗糙度为 $1.6\ \mu m$。图 10-23 中 $\phi96^{\ 0}_{-0.022}$ 与 $\phi60^{+0.03}_{\ 0}$ 的轴心线有同轴度的要求。为了提高强度和韧性，往往需对轴进行热处理，对轴套上与其他零件有相对运动的表面，为了提高其耐磨性，有时要进行表面淬火、渗碳等处理。

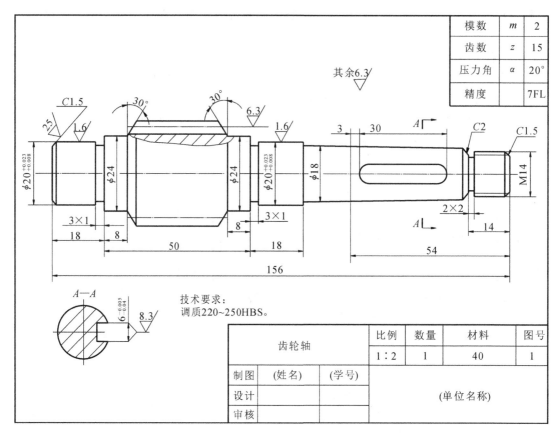

图 10-24　齿轮轴零件图

2. 轮盘类零件

轮盘类零件包括轮类零件和盘类零件。根据设计要求,轮盘类零件的主要部分通常是一组同轴线的回转体或平板拉伸体,内部多为空心结构,厚度方向的尺寸比其他两个方向的尺寸小。另外,为了加强支撑,减少加工面,以及便于与其他零件相连,轮盘类零件常有凸缘、凸台、凹槽、键槽等结构。轮盘类零件主要在车床上加工。

1) 视图选择分析

轮盘类零件比轴套类零件复杂,只用一个基本视图不能完整地表达,因此,需要增加一个其他的视图。一般主视图按加工位置选择,另外增加一个左(右)视图表示。以反映厚度方向作为主视图投射方向,主视图常采用剖视图,表达其内部结构形状和相对位置,用左(右)视图表示外形轮廓、孔槽结构及分布情况。零件的细小结构常采用断面图、局部视图(局部剖视图)或局部放大图表示。如图 10-25 所示为法兰盘零件图。

2) 尺寸标注分析

轮盘类零件标注尺寸时,通常选用通过轴孔的轴线作为径向尺寸基准。如图 10-25 所示的法兰盘,它的径向尺寸基准同时也是标注方形凸缘大小的高、宽方向尺寸的尺寸基准。长度方向的主要基准,常选用经过加工并与其他零件有较大接触面的端面,如法兰盘的右端面,而 φ100 的左、右两个端面分别是测量基准,即辅助基准。

3) 技术要求

有配合要求的表面和起定位作用的表面,其表面粗糙度值要低,尺寸精度要求高,如图

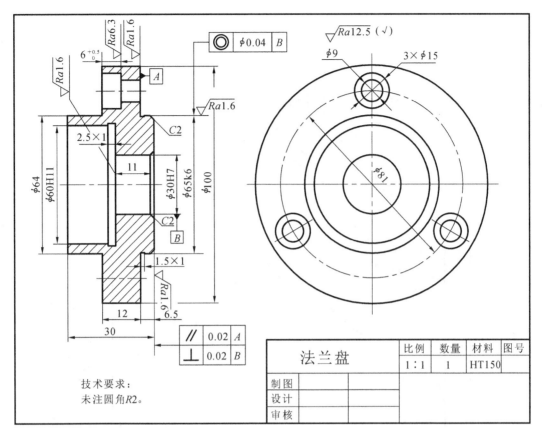

图 10-25 法兰盘零件图

10-25 中的 $\phi30\mathrm{H}7$ 和 $\phi65\mathrm{k}6$，表面粗糙度值为 1.6 μm，$\phi65\mathrm{k}6$ 与 $\phi30\mathrm{H}7$ 有同轴度要求 $\phi0.04$ 等。

3. 叉架类零件

叉架类零件包括各种用途的拨叉和支架。拨叉主要用在机床、内燃机等各种机器的操纵机构上，用于操纵机器，调节速度。支架主要起支撑和连接作用。

叉架类零件的结构形状一般比较复杂，一般都具有肋、板、杆、筒、座、凸台、凹坑等结构。与轴套类和轮盘类零件相比，叉架类零件的结构形状没有一定的规则。根据零件在机器中的作用和安装要求，大多数叉架类零件的主体部分都可以分为工作、固定以及连接三大部分，且多不对称，具有凸台、凹坑、铸（锻）造圆角、拔模斜度等常见结构。

1）视图选择分析

主视图的选择要能够更多地反映零件的形状特征和各形体相对位置的方向，并将零件放正。一般需要两个以上的视图，其他视图要配合主视图，对主视图没有表达清楚的结构采用移出断面图、局部视图（局部剖视图）和斜视图等。图 10-26 所示为踏脚座零件图，主视图表达了安装板、工作圆筒、连接板与肋的形体特征和上下左右的相对位置关系，俯视图反映支架各部分的前后对称关系，这两个视图以表达外形为主；局部剖视图表达了其圆孔的内部形状；一个局部视图和一个移出断面图表达安装板的左端面和肋板的截面形状。

2）尺寸标注分析

标注叉架类零件尺寸时，通常选用主要孔轴线、对称平面、较大的主要加工面、结合面作

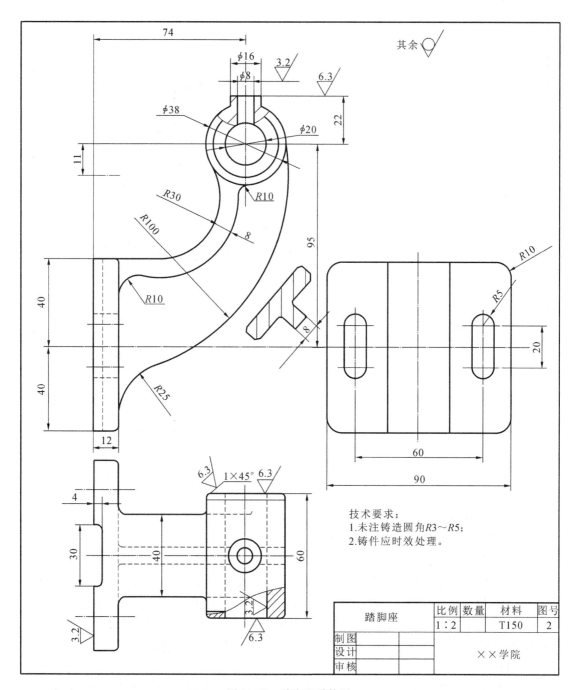

图 10-26　踏脚座零件图

为尺寸基准。如图 10-26 所示的踏脚座,选用安装板左端面作为长度方向的主要基准,选用安装板的水平对称面作为高度方向的主要基准。从这两个基准出发,分别注出 74、95,定出轴承孔的轴线位置,即长度和高度方向的辅助基准;宽度方向的主要基准是前后方向的对称平面,由此在俯视图上注出 30、40、60,在局部视图中注出 60、90。

　　3)技术要求

　　叉架类零件对支撑孔常要求表面粗糙度低,尺寸精度高,如 $\phi20$ 表面粗糙度值为 3.2 μm。

4. 箱体类零件

箱体类零件作为机器或部件的基础件,毛坯多为铸件,工作表面采用铣削或刨削,箱体上的孔系多采用钻、扩、铰、镗方法制造。箱体类零件将机器及部件中的轴、轴承和齿轮等零件按一定的相互位置关系装配成一个整体,并按预定的传动关系协调其运动。箱体类零件的种类很多,其尺寸大小和结构形式随着机器的结构和箱体在机器中的功能的不同有着较大的差异。但从工艺上分析,它们仍有许多共同之处,其主要结构是由均匀的薄壁围成不同形状的空腔,空腔壁上还有多方向上的孔,以达到容纳和支撑作用,另外,还具有加强肋、凸台、凹坑、铸造圆角、拔模斜度、安装底板、安装孔等常见结构。

1) 视图选择分析

由于箱体类零件结构复杂,加工位置变化也较多,所以其主视图可采用工作位置、主要表面的加工位置或最能反映形状特征和相对位置关系的一面。表达箱体类零件一般需要三个以上的基本视图,并根据箱体结构特点选取合适的剖视图、局部视图、向视图等表达方法,表示其内外结构和形状。如图 10-27 所示的泵体,按照工作位置选择了主视图,并采用全剖表达泵体的形状、结构特征及其内部形状和各部分的相对位置;为了表达泵体侧面的内外特征,采用了局部剖的俯视图;左视图是泵体的外形图。

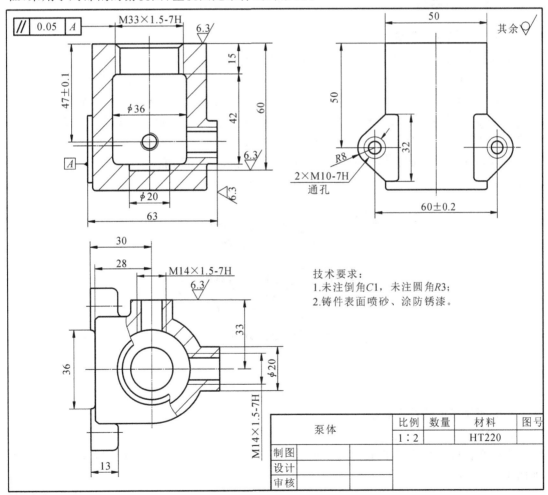

图 10-27 泵体零件图

2）尺寸标注分析

泵体长度方向的主要基准是安装板的端面；宽度方向的主要基准是泵体的前后对称面；高度方向的主要基准是泵体的上端面。47±0.1、60±0.2 是重要尺寸，加工时必须保证。

3）技术要求

从进、出油口及顶面尺寸 M14×1.5-7H 和 M33×1.5-7H 可知，它们都属于细牙普通螺纹，同时这几处端面粗糙度值为 6.3 μm，要求较高，以便对外连接紧密，防止漏油。泵体的轴心线与安装板的端面有平行度公差要求。

课题五　零件图的技术要求

机械图样中的技术要求是用规定的符号、数字、字母或者另加文字注释，简明、准确地给出零件在制造、检验或使用时应达到的各项技术指标，如表面粗糙度、极限与配合、形状和位置公差、热处理和表面处理等。

一、表面粗糙度

1. 表面粗糙度的概念

表面粗糙度是指零件在加工过程中由于不同的加工方法、机床与工具的精度、振动及磨损等因素，在加工表面所形成的具有较小间距和较小峰谷的微观不平状况。它属于微观几何误差，如图 10-28 所示。表面粗糙度对零件的摩擦、磨损、抗疲劳、抗腐蚀，以及零件间的配合性能等有很大影响。粗糙度值越大，零件的表面性能越差；粗糙度值越小，零件表面性能越好。但是要减小表面粗糙度值，就要提高加工精度，增加加工成本。因此国家标准规定了零件表面粗糙度的评定参数，以便在保证使用功能的前提下，选用较为经济的加工方法。

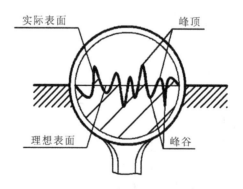

图 10-28　表面粗糙度示意图

2. 表面粗糙度的评定参数

1）轮廓算术平均偏差 Ra

在取样长度 l 内，轮廓偏距绝对值的算术平均值，称为轮廓算术平均偏差，其几何意义如图 10-29 所示。

$$Ra = \frac{1}{l} \int_0^l |y(x)| \, \mathrm{d}x \approx \frac{1}{n} \sum_{i=1}^{n} |y_i|$$

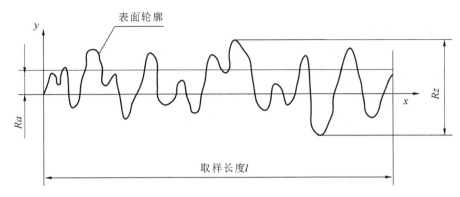

图 10-29　表面粗糙度的评定参数

2）轮廓最大高度 Rz

在取样长度内,轮廓峰顶线与轮廓谷底线之间的距离,称为轮廓最大高度。

3. 表面粗糙度的符号、代号

国家标准 GB/T 131—2006 规定,表面粗糙度代号由规定的符号和有关参数值组成,如表 10-2 所示。

表 10-2　表面粗糙度的基本符号、代号及其意义

符号与代号		意　义
符号	（基本符号）	基本符号,表示表面可用任何方法获得。当不加注粗糙度参数值或有关说明时,仅适用于简化代号标注
		表示表面是用去除材料的方法,如车、铣、钻、磨、剪切、抛光、腐蚀、电火花加工、气割等获得的
		表示表面是用不去除材料的方法,如锻、铸、冲压等获得的,或者是用于保持原供应状况的表面（包括保持上道工序的状况）
		在上述三个符号的长边上均可加一横线,用于标注有关参数和说明
		在上述三个符号上均可加一小圆,表示所有表面具有相同的表面粗糙度要求
代号	3.2	用任何方法获得的表面,Ra 的上限值为 3.2 μm
	3.2 / 1.6	用去除材料的方法获得的表面,Ra 的上限值为 3.2 μm,下限值为 1.6 μm
	$Ry3.2$	用任何方法获得的表面,Ry 的上限值为 3.2 μm
	3.2max 1.6min	用去除材料的方法获得的表面,Ra 的最大值为 3.2 μm,最小值为 1.6 μm
	铣 3.2	用去除材料的方法获得的表面,Ra 的上限值为 3.2 μm,加工方法为铣削

说明:

（1）表面粗糙度参数的单位是 μm。注写 Ra 时,只写数值;注写 Rz 时,应同时注出 Rz

和相应数值。只注一个值时,表示上限值;注两个值时,表示上限值和下限值。

(2) 当标注上限值或上限值与下限值时,允许实测值中有 16% 的测值超差。

(3) 当不允许任何实测值超差时,应在参数值的右侧加注 max 或同时标注 max、min。

4. 表面粗糙度 Ra 的数值与加工方法

表面粗糙度 Ra 的数值与加工方法如表 10-3 所示。

表 10-3　常用的表面粗糙度 Ra 的数值与加工方法

表面特征		表面粗糙度 Ra 值			加 工 方 法	适 用 范 围
加工面	粗加工面	100	50	25	粗车、粗刨、粗铣、钻孔、锉、镗	非接触表面
	半光面	12.5	6.3	3.2	精车、精铣、精刨、精镗、粗磨、扩孔、粗铰、细锉	接触表面和不太需要精确定位的配合表面
	光面	1.6	6.8	0.4	精车、精磨、抛光、铰、刮、研	要求精确定位的重要配合表面
	最光面	0.2	0.1	0.05	精抛光、研磨、超精磨、镜面磨	高精度、高速运动零件的配合表面等
毛坯面					铸、锻、轧等,经表面清理	无须进行加工的表面

5. 表面粗糙度代号的画法

表面粗糙度代号的画法如图 10-30、图 10-31 所示。

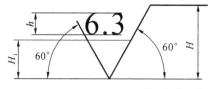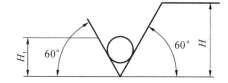

$H_1 = 1.4h$,　$H = 2.1h$,　h 是图上尺寸数字高

图 10-30　表面粗糙度代号及符号的比例

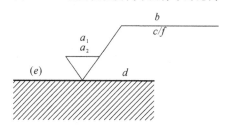

图 10-31　表面粗糙度的数值及有关规定的注写

a_1、a_2—表面粗糙度高度参数的上限值和下限值(μm);

b—加工要求、镀覆、涂覆、表面处理和其他说明等;c—取样长度(mm)或波纹度(mm);

d—加工纹距方向符号;e—加工余量(mm);f—表面粗糙度间距参数值(mm)或轮廓支撑长度率(%)

6. 表面粗糙度的标注原则及示例

在同一图样上每一表面只注一次表面粗糙度代号,且应注在可见轮廓线、尺寸界线、引出线或它们的延长线上,并尽可能靠近有关尺寸线。符号的尖端必须从材料外指向表面。代号中的数字方向应与图中尺寸数字方向一致。当零件的大部分表面具有相同的粗糙度要求时,对其中使用最多的一种代(符)号,可统一注在图样的右上角,并加注"其余"二字。标

注示例如表 10-4 所示。

表 10-4　表面粗糙度标注示例

图　例	说　明
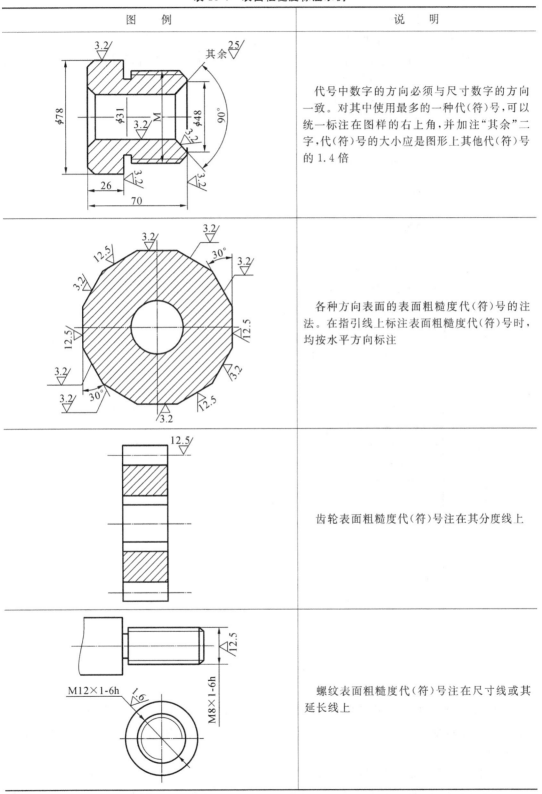	代号中数字的方向必须与尺寸数字的方向一致。对其中使用最多的一种代（符）号，可以统一标注在图样的右上角，并加注"其余"二字，代（符）号的大小应是图形上其他代（符）号的 1.4 倍
	各种方向表面的表面粗糙度代（符）号的注法。在指引线上标注表面粗糙度代（符）号时，均按水平方向标注
	齿轮表面粗糙度代（符）号注在其分度线上
	螺纹表面粗糙度代（符）号注在尺寸线或其延长线上

7.表面粗糙度的选择

选择表面粗糙度时,既要考虑零件表面的功能要求,又要考虑经济性,还要考虑现有的加工设备。一般应遵从以下原则:

（1）同一零件上,工作表面比非工作表面的表面粗糙度参数值要小。

（2）摩擦表面比非摩擦表面的表面粗糙度参数值要小。有相对运动的工作表面,运动速度愈大,其表面粗糙度参数值愈小。

（3）配合精度越高,表面粗糙度参数值越小。间隙配合比过盈配合的表面粗糙度参数值小。

（4）配合性质相同时,零件尺寸越小,表面粗糙度参数值越小。

（5）要求密封、耐腐蚀或具有装饰性的表面,表面粗糙度参数值要小。

二、极限与配合

1.极限与配合的概念

1）互换性

一批相同规格的零件在装配前不经过挑选,在装配过程中不经过修配,在装配后即可满足设计和使用性能要求,零件的这种在尺寸与功能上可以互相代替的性质称为互换性。极限与配合是保证零件具有互换性的重要标准。

2）基本术语

下面结合图 10-32,介绍相关基本术语。

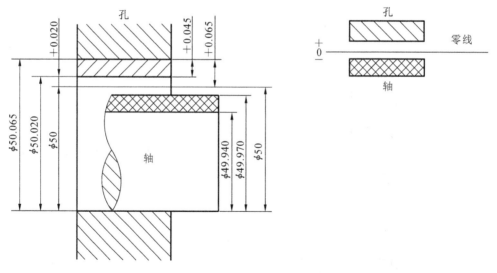

图 10-32　术语及公差带图解

基本尺寸:设计时给定的尺寸,如 $\phi 50$。

实际尺寸:通过测量获得的尺寸。

极限尺寸:允许尺寸变化的极限值。加工尺寸的最大允许值称为最大极限尺寸,最小允许值称为最小极限尺寸。如图 10-32 中 $\phi 50.065$ 为孔的最大极限尺寸,$\phi 50.020$ 为孔的最小极限尺寸。

尺寸偏差:某一尺寸减去其基本尺寸所得的代数差称为尺寸偏差,简称偏差。最大极限尺寸与基本尺寸的代数差称为上偏差;最小极限尺寸与基本尺寸的代数差称为下偏差。孔的上偏差用 ES 表示,下偏差用 EI 表示;轴的上偏差用 es 表示,下偏差用 ei 表示。尺寸偏差可为正值、负值或零,如图 10-32 所示,ES＝＋0.065,EI＝＋0.020。

尺寸公差:允许尺寸的变动量,简称公差。尺寸公差等于最大极限尺寸减去最小极限尺寸,或上偏差减去下偏差。公差总是大于零的正数,如图 10-32 所示,孔的公差为 0.045。

公差带:在公差带图解中,用零线表示基本尺寸,上方为正,下方为负,公差带是指由代表上、下偏差的两条直线限定的区域。如图 10-32 所示,图中的矩形上边数值代表上偏差,下边数值代表下偏差,矩形的长度无实际意义,高度代表公差。

3) 标准公差与基本偏差

国家标准 GB/T 1800.2—2009 规定,公差带是由标准公差和基本偏差组成的,标准公差决定公差带的高度,基本偏差确定公差带相对于零线的位置。

标准公差是由国家标准规定的公差值,其大小由两个因素决定,一个是公差等级,另一个是基本尺寸。国家标准将公差划分为 20 个等级,分别为 IT01、IT0、IT1、IT2……IT18,其中 IT01 精度最高,IT18 精度最低。基本尺寸相同时,公差等级越高(数值越小),标准公差越小;公差等级相同时,基本尺寸越大,标准公差越大。

基本偏差是用以确定公差带相对于零线位置的那个极限偏差,一般为靠近零线的那个偏差,如图 10-33 所示。当公差带在零线上方时,基本偏差为下偏差;当公差带在零线下方时,基本偏差为上偏差;当零线穿过公差带时,离零线近的偏差为基本偏差;当公差带关于零线对称时,基本偏差为上偏差或下偏差,如 JS(js)。基本偏差有正号和负号。

孔和轴的基本偏差代号各有 28 种,用字母或字母组合表示,孔的基本偏差代号用大写字母表示,轴的用小写字母表示,如图 10-33 所示。需要注意的是,基本尺寸相同的轴和孔若基本偏差代号相同,则基本偏差值一般情况下互为相反数。此外,在图 10-33 中,公差带不封口,这是因为基本偏差只决定公差带位置。一个公差带的代号,由表示公差带位置的基本偏差代号和表示公差带大小的公差等级和基本尺寸组成。如 $\phi50H8$,其中 $\phi50$ 是基本尺寸,H 是基本偏差代号,表示孔,公差等级为 IT8。

4) 配合类别

基本尺寸相同时,相互结合的轴和孔的公差带之间的关系称为配合。按配合性质不同,配合可分为间隙配合、过盈配合和过渡配合三类,如图 10-34 所示。

间隙配合:具有间隙(包括最小间隙等于零)的配合。此时,孔的公差带在轴的公差带上方。

过盈配合:具有过盈(包括最小过盈等于零)的配合。此时,孔的公差带在轴的公差带下方。

过渡配合:可能具有间隙或过盈的配合。此时,轴和孔的公差带相互交叠。

5) 配合制

采用配合制是为了在基本偏差为一定值的基准件与配合件的公差带相配时,只改变配合件的不同基本偏差的公差带,便可获得不同松紧程度的配合,从而减少零件加工的定值(不可调)刀具和量具的规格数量。国家标准规定了两种配合制,即基孔制和基轴制,如图 10-35 所示。

基孔制是基本偏差为 H 的孔的公差带,与不同基本偏差的轴的公差带形成各种配合的制度;基轴制是基本偏差为 h 的轴的公差带,与不同基本偏差的孔的公差带形成各种配合的制度。

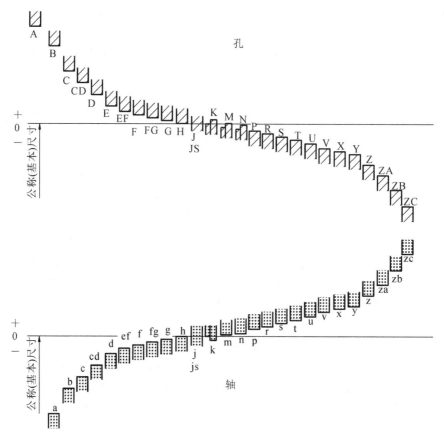

图 10-33　基本偏差系列

　　配合制的选择，主要从经济角度考虑，在一般情况下，优先选用基孔制配合。从工艺上看，加工中等尺寸的孔，通常要用价格昂贵的扩孔钻、铰刀、拉刀等定值刀具，而加工轴，则用一把车刀或砂轮加工不同尺寸即可。因此，采用基孔制可以减少定值刀具、量具的品种和数量，降低生产成本，提高加工的经济性。但在有些情况下，选用基轴制配合会更好些。例如，使用一根冷拔圆钢做轴，轴与几个具有不同公差带的孔组成不同的配合，此时采用基轴制，轴就可以不另行加工或少量加工，用改变各孔的公差来达到不同的配合，显然比较经济合理。在采用标准件时，则应按标准件所用的基准制来确定。例如，滚动轴承外圈直径与轴承座孔处的配合应采用基轴制，而滚动轴承的内圈直径与轴的配合则为基孔制。键与键槽的配合也采用基轴制。此外，如有特殊需要，标准也允许采用任一孔、轴公差带组成的配合，例如 F5/g7。

　　6）常用配合和优先配合

　　标准公差有 20 个等级，基本偏差有 28 种，可以组成大量配合。为了更好地发挥标准的作用，方便生产，国家标准将孔和轴公差带分为优先、常用和一般用途公差带，并由优先和常用公差带组成基孔制和基轴制的优先配合和常用配合。基孔制的优先配合和常用配合共 59 种，其中优先配合 13 种。基轴制的优先配合和常用配合共 47 种，其中优先配合 13 种。优先配合如表 10-5 所示，常用配合可查阅相关手册。

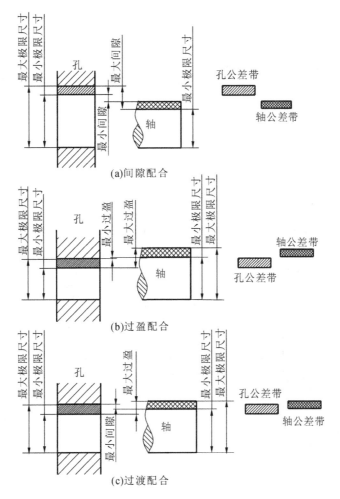

图 10-34　配合类别

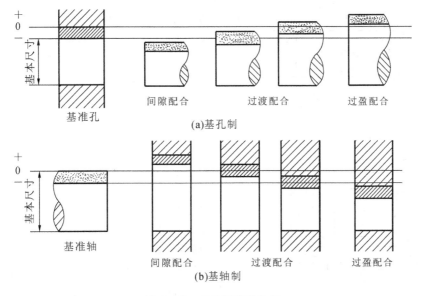

图 10-35　基孔制和基轴制

表 10-5 优先配合

优先配合	基孔制优先配合	基轴制优先配合
间隙配合	$\dfrac{H7}{g6}$、$\dfrac{H7}{h6}$、$\dfrac{H8}{f7}$、$\dfrac{H8}{h7}$、$\dfrac{H9}{d9}$、$\dfrac{H9}{h9}$、$\dfrac{H11}{c11}$、$\dfrac{H11}{h11}$	$\dfrac{G7}{h6}$、$\dfrac{H7}{h6}$、$\dfrac{F8}{h7}$、$\dfrac{H8}{h7}$、$\dfrac{D9}{h9}$、$\dfrac{H9}{h9}$、$\dfrac{C11}{h11}$、$\dfrac{H11}{h11}$
过渡配合	$\dfrac{H7}{k6}$、$\dfrac{H7}{n6}$	$\dfrac{K7}{h6}$、$\dfrac{N7}{h6}$
过盈配合	$\dfrac{H7}{p6}$、$\dfrac{H7}{s6}$、$\dfrac{H7}{u6}$	$\dfrac{P7}{h6}$、$\dfrac{S7}{h6}$、$\dfrac{U7}{h6}$

2. 极限与配合的标注

（1）极限与配合在零件图中的标注。在零件图中，线性尺寸的公差有三种标注形式：① 只标注上、下偏差；② 只标注公差带代号；③ 既标注公差带代号，又标注上、下偏差，但偏差值用括号括起来，如图 10-36 所示。

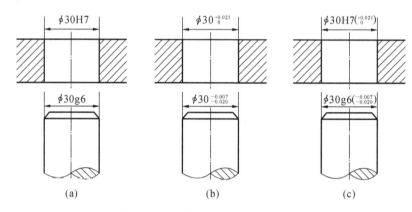

图 10-36 零件图中尺寸公差的标注

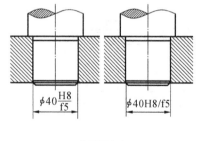

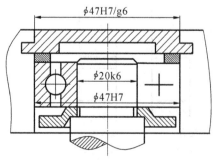

图 10-37 装配图中配合的标注

（2）极限与配合在装配图中的标注。在装配图中，一般只标注配合代号。配合代号用分数形式表示，分子为孔的公差带代号，分母为轴的公差带代号，如图 10-37 所示。对于与轴承等标准件相配的孔或轴，只标注非基准件（配合件）的公差带代号。如轴承内圈孔与轴的配合，只标注轴的公差带代号；外圈的外圆与箱体孔的配合，只标注箱体孔的公差带代号。

三、形位公差

形位公差的相关术语、定义、代号及其标注详见有关的国家标准，本书仅做简要介绍。

1. 形位公差的概念

零件经过加工后，不仅会产生尺寸误差和表面粗糙度，而且会产生形状误差和位置误差。形状误差指实际几何要素和理想几何要素的差异；

位置误差指相关联的两个几何要素的实际位置相对于理想位置的差异。形状误差和位置误差都会影响零件的使用性能,因此必须对一些零件的重要表面或轴线的形状误差和位置误差进行限制。形状误差和位置误差的允许变动量称为形状公差和位置公差,简称形位公差。

要素:零件的特征部分(点、线、面)。这些要素可以是实际存在的,也可以是由实际要素取得的轴线或中心平面。

被测要素:给出形位公差的要素。

基准要素:用来确定被测要素方向或位置的要素。理想基准要素简称要素。

形状公差:单一实际要素的形状所允许的变动量。

位置公差:关联实际要素的位置所允许的变动全量。

公差带:根据被测要素的特征和结构尺寸,公差带的主要形式有圆内的区域、两同心圆之间的区域、两同轴圆柱面之间的区域、两等距曲线之间的区域、两平行直线之间的区域、两平行平面之间的区域、球内的区域等。

2. 形位公差的代号

在技术图样中,形位公差采用代号标注,当无法采用代号时,允许在技术要求中用文字说明。形位公差代号由形位公差符号、框格、公差值、指引线、基准代号和其他有关符号组成。形位公差的分类和符号如表 10-6 所示。

表 10-6　形位公差的分类和符号

分类	项目	符号	分类	项目	符号
形状公差	直线度	—	位置公差	平行度 (定向)	∥
	平面度	▱		垂直度 (定向)	⊥
	圆度	○		倾斜度 (定向)	∠
	圆柱度	⌭		同轴度 (定位)	◎
	线轮廓度	⌒		对称度 (定位)	=
	面轮廓度	⌓		位置度 (定位)	⊕
				圆跳动 (跳动)	↗
				全跳动 (跳动)	⌰

3. 形位公差的标注方法

1)公差框格

形位公差的框格和基准代号画法如图 10-38 所示。指引线的箭头指向被测要素的表面或其延长线,箭头方向一般为公差带的方向。框格中的字符高度与尺寸数字的高度相同。基准代号中的字母一律水平书写。

对同一个要素有一个以上的公差特征项目要求时,可将一个框格放在另一个框格的下面,如图 10-39 所示。

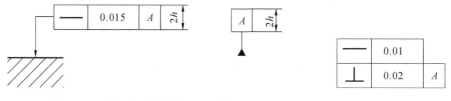

图 10-38　形位公差的框格和基准代号　　　　　图 10-39　两个框格的画法

h—字符高度

2) 被测要素的标注

用带箭头的指引线将框格与被测要素相连,按以下方式标注。

(1) 当公差涉及轮廓线或表面时,将箭头置于要素的轮廓线或轮廓线的延长线上(但必须与尺寸线明显地分开),如图 10-40 所示。

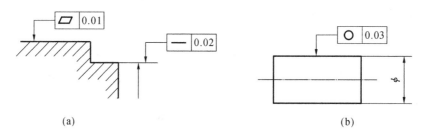

(a)　　　　　　　　　　　　　　　　　(b)

图 10-40　被测要素是轮廓线或表面

(2) 当指向实际表面时,箭头可置于带点的参考线上,该点指在实际表面上,如图 10-41 所示。

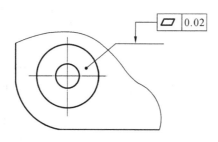

图 10-41　指向实际表面

(3) 当公差涉及轴线、中心平面或由尺寸要素确定的点时,带箭头的指引线应与尺寸线的延长线重合,如图 10-42 所示。

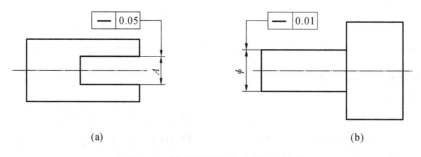

(a)　　　　　　　　　　　　　　　　　(b)

图 10-42　被测要素为中心平面、轴线

（4）当 1 个以上相同要素作为被测要素时，如 6 个要素，应在框格上方注明，如图 10-43 所示。

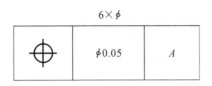

图 10-43　多个相同被测要素的注法

3）基准要素的标注

（1）当基准是轮廓线或表面时，基准符号的三角形在外轮廓线上或它的延长线之上（但应与尺寸线明显错开），基准符号还可置于用圆点指向实际表面的参考线之上，如图 10-44 所示。

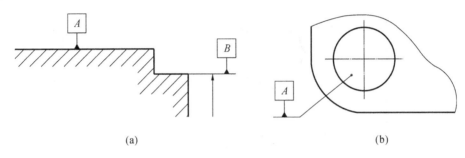

图 10-44　基准要素是轮廓线或表面

（2）当基准是尺寸要素确定的轴线、中心平面或中心点时，基准符号的三角形与尺寸线对齐。如尺寸线处安排不下两个箭头，则另一箭头可用短横线代替，如图 10-45 所示。

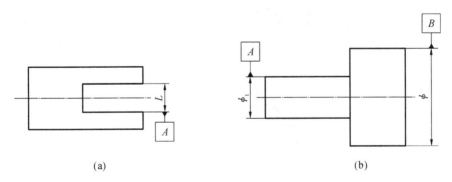

图 10-45　基准要素是中心平面、轴线

4. 形位公差的公差带定义和标注示例

常用的形位公差的公差带定义和标注示例如表 10-7 所示。

表 10-7　形位公差的公差带定义和标注示例

分类	项目	公差带定义	标注示例
形状公差	直线度	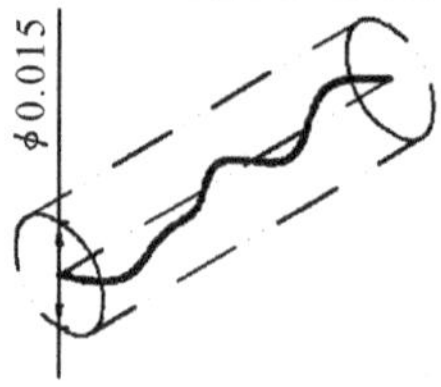	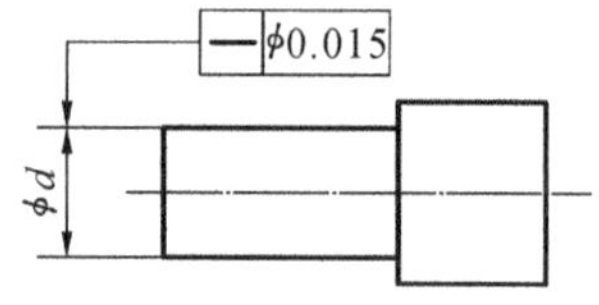
	平面度	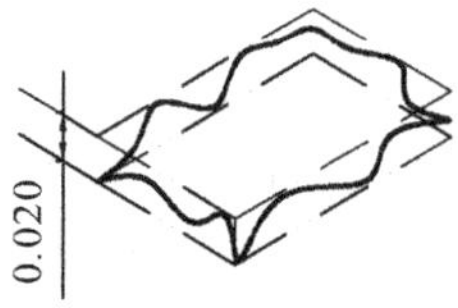	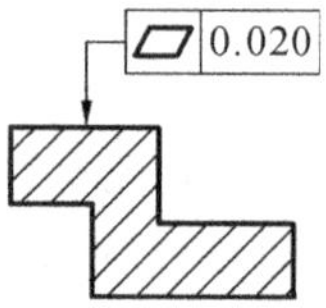
	圆度	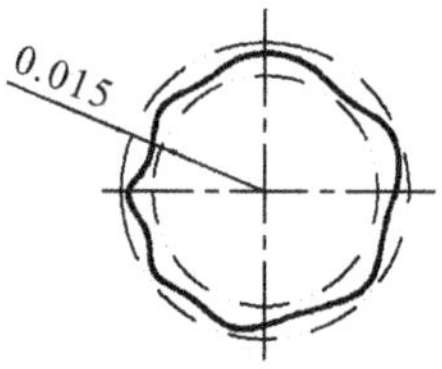	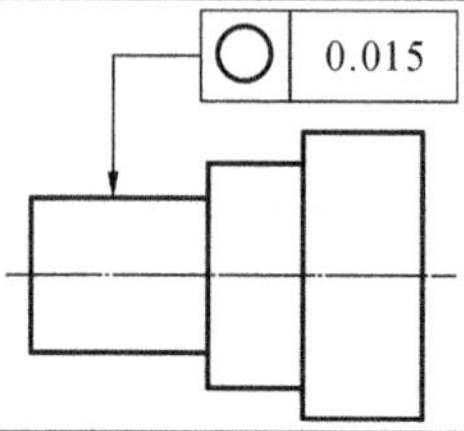
	圆柱度	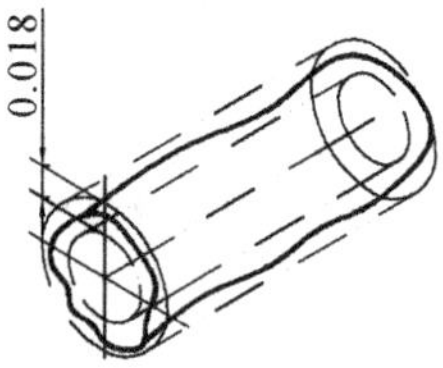	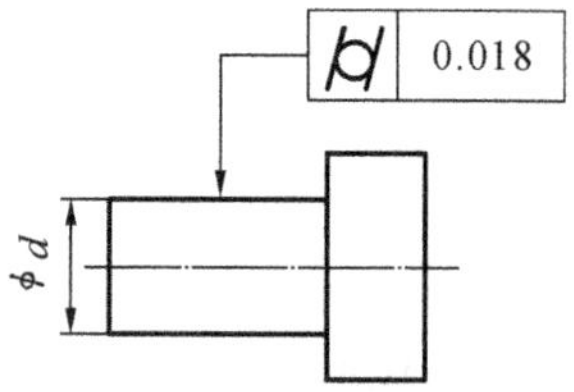
	线轮廓度	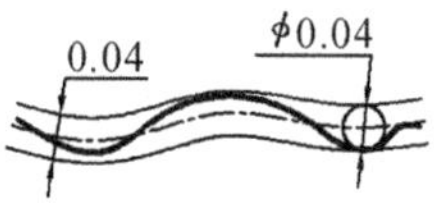	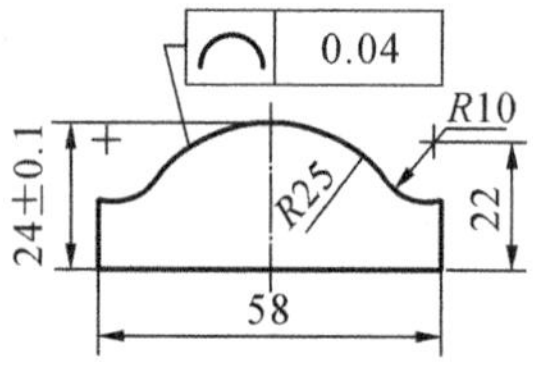
	面轮廓度	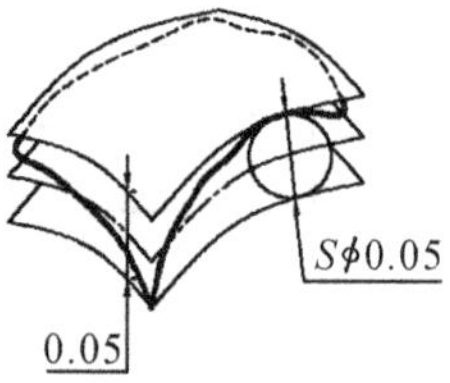	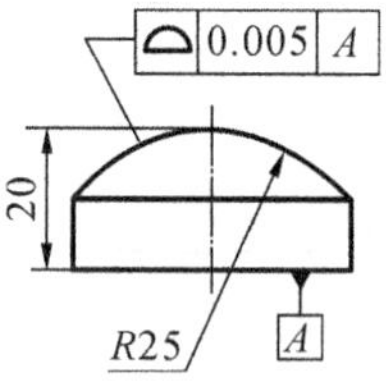
位置公差	平行度	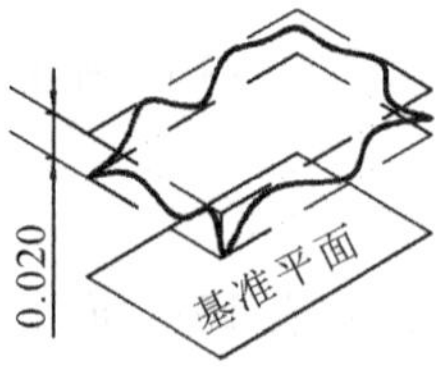	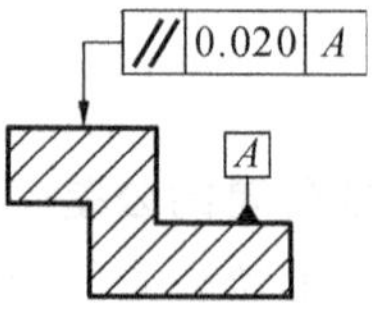

分类	项目	公差带定义	标注示例
位置公差	垂直度	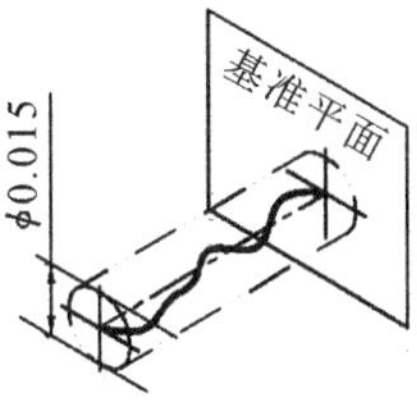	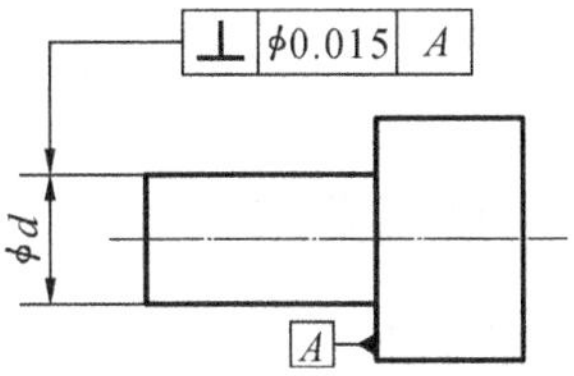
	倾斜度	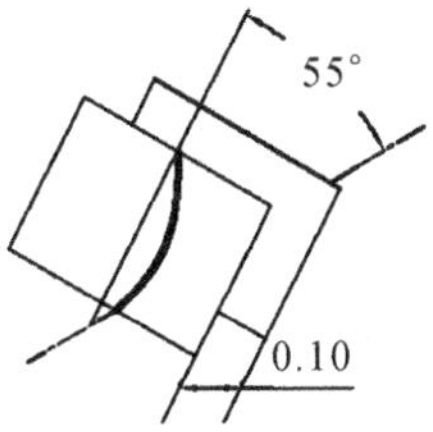	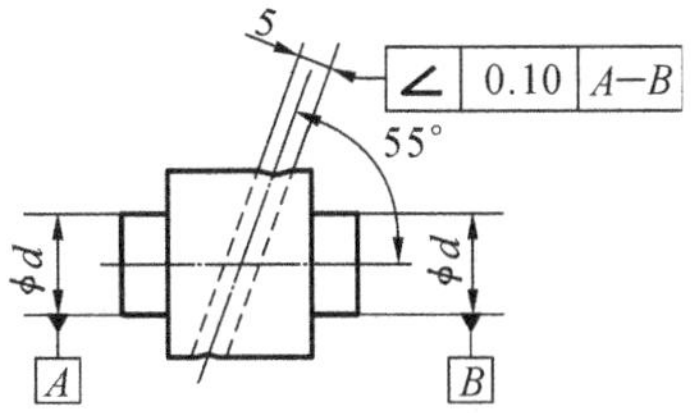
	同轴度	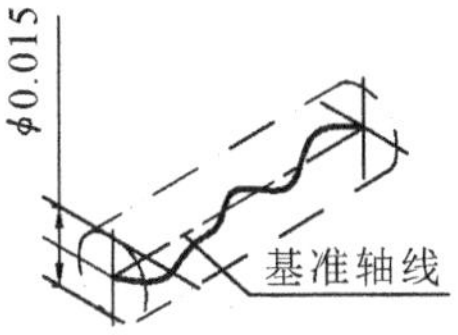	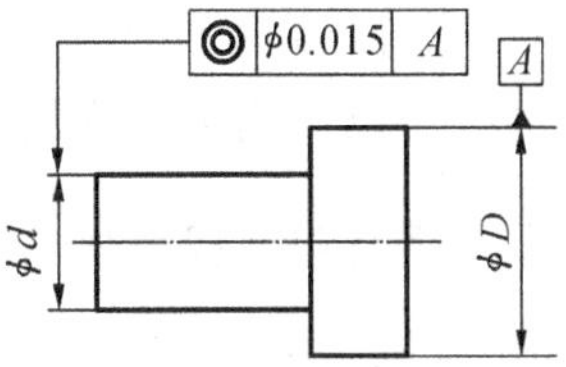
	对称度	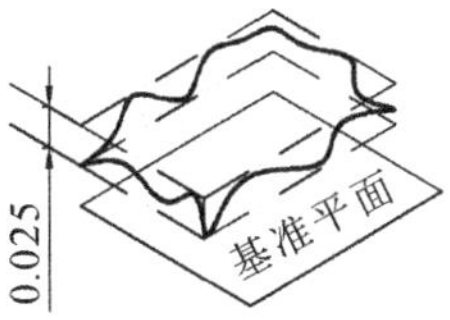	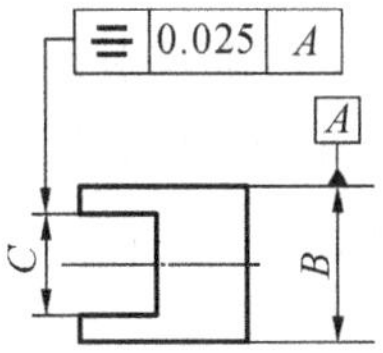
	位置度	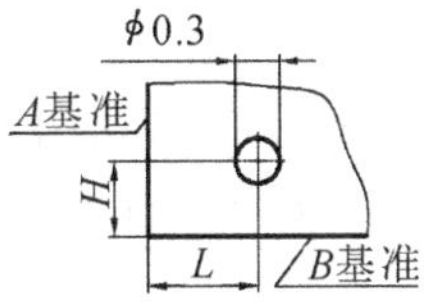	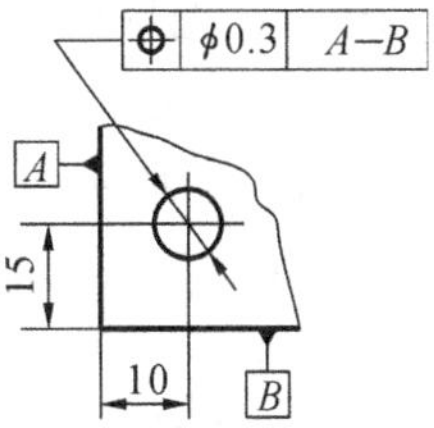
	圆跳动	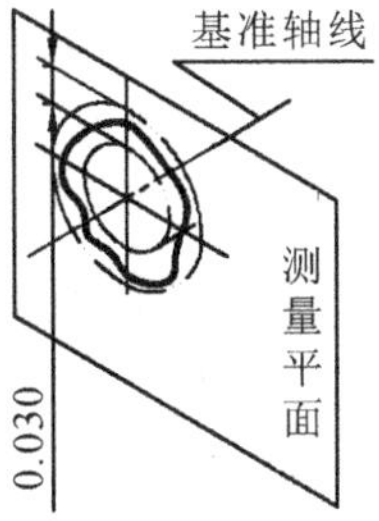	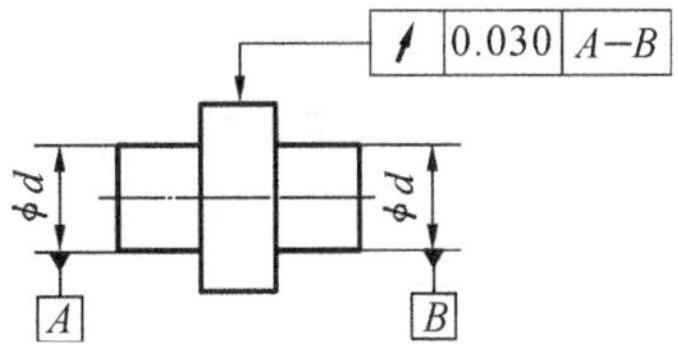
	全跳动	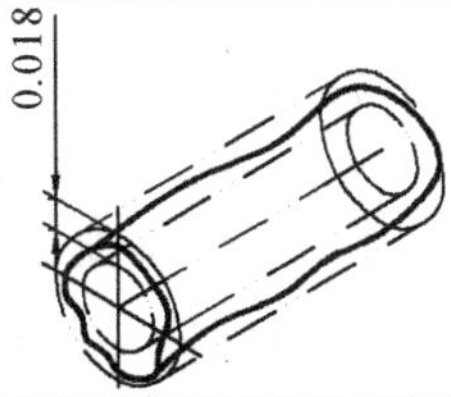	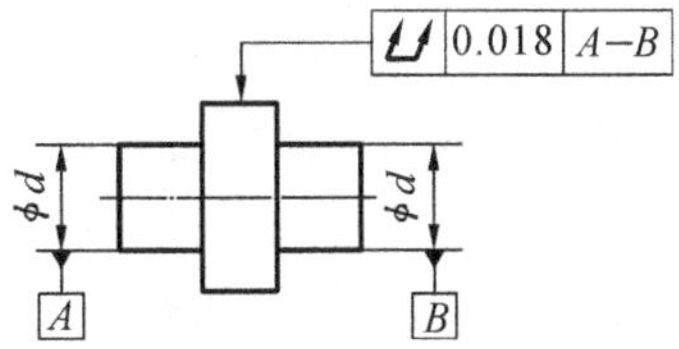

课题六　读 零 件 图

一、读图要求

一张零件图的内容是相当丰富的,不同工作岗位的人看图的目的也不同,通常读零件图的主要要求如下。

(1) 对零件有一个概括的了解,如名称、材料等。

(2) 根据给出的视图,想象出零件的形状,进而明确零件在设备或部件中的作用及零件各部分的功能。

(3) 通过阅读零件图的尺寸,对零件各部分的大小有一个概念,进一步分析出各方向尺寸的主要基准。

(4) 明确制造零件的主要技术要求,如表面粗糙度、尺寸公差、形位公差、热处理及表面处理等要求,以便确定正确的加工方法。

二、读零件图的步骤

读零件图没有一个固定不变的程序。对于较简单的零件图,也许泛泛地阅读就能想象出零件的形状,明确其精度要求。对于较复杂的零件图,则需要通过深入分析,由整体到局部,再由局部到整体,反复推敲,最后才能搞清零件的结构和精度要求。一般而言应按下述步骤去阅读一张零件图。

1. 看标题栏

读一张图,首先从标题栏入手。标题栏内列出了零件的名称、材料、比例等信息,从标题栏可以得到一些有关零件的概括信息。

例如,图 10-46 所示的轴架零件图,从名称就能联想到,它是一个用于支撑轴的叉架类零件。从材料 HT200 知道,零件毛坯采用铸件,属于具有铸造工艺要求的结构,如铸造圆角、倒角、拔模斜度、铸造壁厚均匀等。

2. 明确视图关系

所谓视图关系,即视图表达方法和各视图之间的投影联系。如图 10-46 所示,轴架的零件图采用了主、俯、左三个基本视图,主、俯视图采用全剖视,左视图是轴架的外形图。

3. 分析视图,想象零件结构形状

从学习读机械图来说,分析视图、想象零件的结构形状是最关键的一步。看图时,仍采用组合体的看图方法,对零件进行形体分析、线面分析。由组成零件的基本形体入手,由大到小,从整体到局部,逐步想象出零件的结构形状。从图 10-46 中的三个视图可以看出零件的基本结构形状由三部分构成,上面是圆筒与四棱柱的叠加,下面是两个圆柱叠加,中间由断面是“T”字形的筋板连接,轴架是一个前后对称的零件。

想象出基本形体之后,再深入到细部,这一点一定要高度重视,初学者往往被某些不易看懂的细节所困扰,这是抓不住整体造成的后果。对于轴架来说,四棱柱左边开有槽,并且有四个安装孔,圆筒上还有一个油孔;下面的叠加圆柱体上开有阶梯孔,下部还有一个普通螺纹孔,螺纹孔和光孔之间有一个螺纹退刀槽。这样就可以想象出轴架的整体形状,其外形

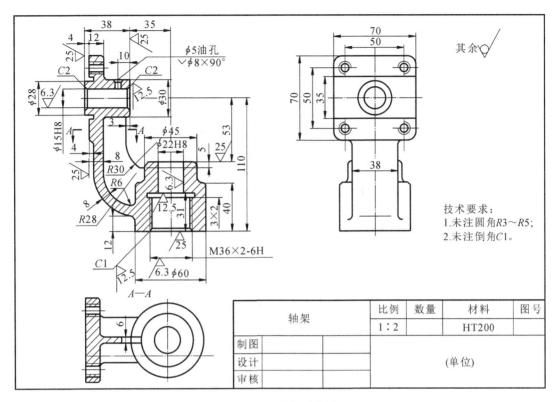

图 10-46　轴架零件图

如图 10-47 所示。

4. 看尺寸,分析尺寸基准

分析零件图上尺寸的目的,是识别和判断哪些尺寸是主要尺寸,各方向的主要尺寸基准是什么,明确零件各组成部分的定形、定位尺寸。按上述形体分析方法对图 10-47 所示轴架进行形体分析,长度方向的主要基准是 φ30 的右端面,宽度方向的主要基准是前后对称的平面,高度方向的主要基准是轴架的下端面。

5. 看技术要求

零件图上的技术要求主要有表面粗糙度、极限与配合、形位公差,以及用文字说明的加工、制造、检验等要求。这些要求是制订加工工艺、组织生产的重要依据,要深入分析理解。

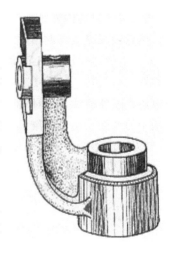

图 10-47　轴架外形图

课题七　零件测绘

根据已有的零件画出其零件图的过程称为零件测绘。在机械设计中,可在产品设计之前先对现有的同类产品进行测绘,作为设计产品的参考资料。在机器维修时,如果某零件损坏,又无配件或图样时,可对零件进行测绘,画出零件图,作为制造该零件的依据。

一、零件测绘的步骤

下面以齿轮油泵的泵体(见图 10-48)为例,说明零件测绘的方法和步骤。

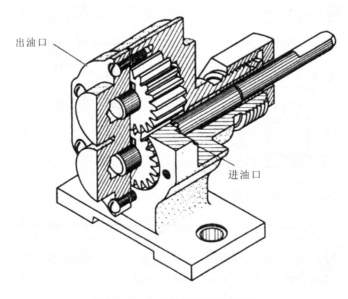

图 10-48 齿轮油泵的泵体轴测图

1. 分析测绘对象

首先应了解零件的名称、材料,以及它在机器或部件中的位置、作用及与相邻零件的关系,然后对零件的内外结构形状进行分析。

齿轮油泵是机器润滑供油系统中的一个主要部件,当外部动力经齿轮传至主动齿轮轴时,即产生旋转运动。当主动齿轮轴按逆时针方向(从主视图观察)旋转时,从动齿轮轴则按顺时针方向旋转。如图 10-49 所示为齿轮油泵工作原理。此时右边啮合的轮齿逐步分开,空腔体积逐渐扩大,油压降低,因而油池中的油在大气压力的作用下,沿进油口进入泵腔中。齿槽中的油随着齿轮的继续旋转被带到左边;而左边的各对轮齿又重新啮合,空腔体积缩小,使齿槽中不断挤出的油成为高压油,并由出油口压出,然后经管道输送到需要供油的部位,以实现供油润滑功能。

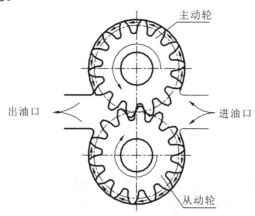

图 10-49 齿轮油泵工作原理示意图

泵体是齿轮油泵上的一个主体零件,属于箱体类零件,材料为铸铁。它的主要作用是容纳一对啮合齿轮及进油、出油通道,泵体上设置了两个销孔和六个螺孔,是为了使左泵盖和右泵盖与其定位和连接。泵体下部带有凹坑的底板和其上的两个沉孔是为了安装油泵。泵体进、出油口孔端的螺孔是为了连接进、出油管等。至此,泵体的结构已基本分析清楚。

2. 确定表达方案

由于泵座的内外结构都比较复杂,应选用主、左、仰三个基本视图表达。泵体的主视图应按其工作位置及形状结构特征选定,为表达进、出油口的结构与泵腔的关系,应对其中一个孔道进行局部剖视。为表达安装孔的形状,也应对其中一个安装孔进行局部剖视。

为表达泵体与底板、出油口的相对位置,左视图应选用旋转剖视图,将泵腔及孔的结构表示清楚。然后再选用一俯视图表示底板的形状及安装孔的数量、位置。俯视图取局部向视图。最后选定的表达方案如图 10-50 所示。

3. 绘制零件草图

1)绘制图形

根据选定的表达方案,徒手画出视图,作图步骤与画零件图的相同。但需注意以下两点:

(1)零件上的制造缺陷(如砂眼、气孔等),以及由于长期使用造成的磨损、碰伤等,均不应画出。

(2)零件上的细小结构(如铸造圆角、倒角、倒圆、退刀槽、砂轮越程槽、凸台和凹坑等)必须画出。

2)标注尺寸

先选定基准,再标注尺寸。具体应注意以下三点:

(1)先集中画出所有的尺寸界线、尺寸线和箭头,再依次测量、逐个记入尺寸数字。

(2)零件上标准结构(如键槽、退刀槽、销孔、中心孔、螺纹等)的尺寸,必须查阅相应国家标准,并予以标准化。

(3)与相邻零件的相关尺寸(如泵体上螺孔、销孔、沉孔的定位尺寸,以及有配合关系的尺寸等)一定要一致。

3)注写技术要求

零件上的表面粗糙度、极限与配合、形位公差等技术要求,通常可采用类比法给出。具体注写时需注意以下三点:

(1)主要尺寸要保证其精度。泵体的两轴线、轴线距底面以及有配合关系的尺寸等,都应给出公差,如图 10-50 所示。

(2)有相对运动的表面,以及对形状、位置要求较严格的线、面等要素,要给出既合理又经济的表面粗糙度或形位公差要求。

(3)有配合关系的孔与轴,要查阅与其相结合的轴与孔的相应资料(装配图或零件图),以核准配合制度和配合性质。

只有这样,经测绘而制造出的零件,才能顺利地装配到机器上并达到其功能要求。

4)填写标题栏

一般需填写零件的名称、材料及绘图者的姓名和完成时间等。

4. 根据零件草图画零件图

草图完成后,便要根据它绘制零件图,其绘图方法和步骤同前,这里不再赘述。

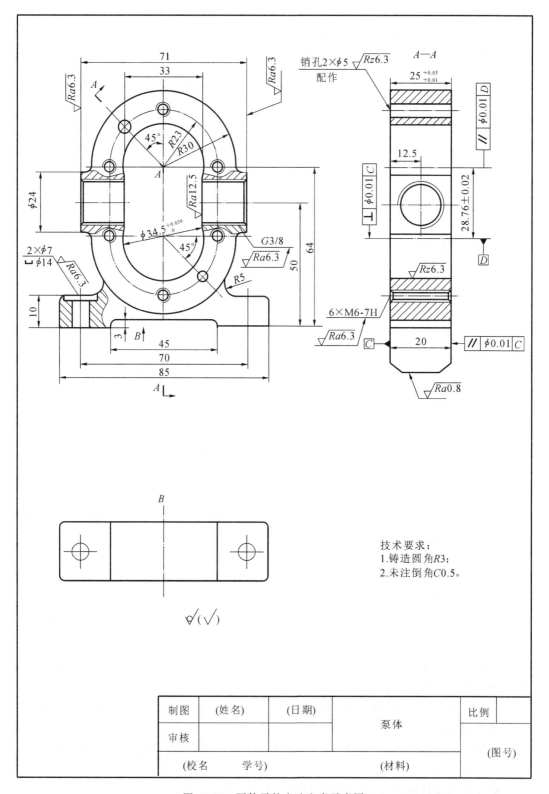

图 10-50　泵体零件表达方案示意图

二、零件尺寸的测量方法

测量尺寸是零件测绘过程中一个很重要的环节,尺寸测量得准确与否,将直接影响机器的装配和工作性能,因此,测量尺寸要谨慎。

测量时,应根据尺寸精度要求的不同选用不同的测量工具。常用的量具有钢直尺,内、外卡钳等;精密的量具有游标卡尺、千分尺等;此外,还有专用量具,如螺纹规、圆角规等。

图 10-51 至图 10-54 为常见尺寸的测量方法。

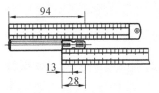   

(a)用钢尺测一般轮廓尺寸　　(b)用外卡钳测外径　　(c)用内卡钳测内径　　(d)用游标卡尺测精确尺寸

图 10-51　线性尺寸及内、外径尺寸的测量方法

 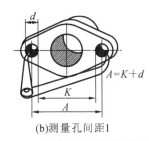 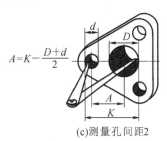

(a)测量壁厚　　　　　　(b)测量孔间距1　　　　　　(c)测量孔间距2

图 10-52　壁厚、孔间距的测量方法

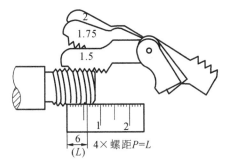  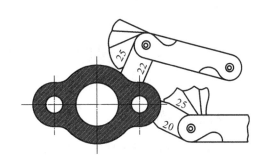

(a)用螺纹规测量螺距　　　　　　　　　(b)用圆角规测量圆弧半径

图 10-53　螺距、圆弧半径的测量方法

 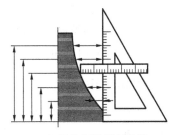

(a)用铅丝法和拓印法测量曲面　　　　　　(b)用坐标法测量曲线

图 10-54　曲面、曲线的测量方法

项目十一　装　配　图

任务描述

装配图是设计、装配、检验、安装调试及使用维修等工作中重要的技术文档。本项目主要介绍装配图的内容、装配图的表达方法、装配图上的结构工艺、装配图的画法、读装配图和由装配图拆画零件图等。

知识目标

(1) 学习部件的表达方法、尺寸标注方法；
(2) 掌握部件的测绘方法；
(3) 掌握装配图读图方法及拆画零件图方法。

能力目标

(1) 养成严格遵守国家标准的习惯，正确使用工具和仪器；
(2) 培养认真负责的工作态度和严谨细致的工作作风。

课题一　装配图的内容

一、装配图的作用

每台机器都是由若干零件组装而成的，组装时需要了解零件之间的装配关系和技术要求。用来表达装配体的图样称为装配图，表达一整套设备的装配图称为总装配图，表达一个部件的图样称为部件装配图。

在制造过程中，根据装配图制订装配工艺规程，进行装配和调试；在使用过程中，根据装配图对产品进行操作和维修。所以装配图在工业生产中起着非常重要的作用，它是机器在使用、调试、操作、检修时的重要依据。

二、装配图的内容

如图 11-1 所示，一幅完整的装配图应该包括以下内容。

1. 一组视图

用一组视图清晰、完整地表达装配体的结构特点。可以根据需要选择视图、剖视图、断面图、局部放大图等，主要表达组成产品的各零件之间的相对位置关系和连接、装配关系，本部件

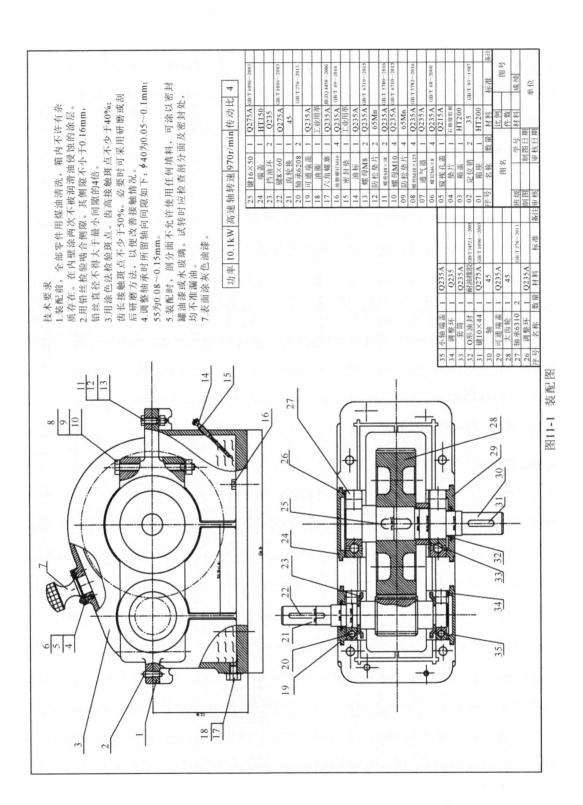

图11-1　装配图

技术要求
1.装配前，全部零件用煤油清洗，箱内不许有杂质存在。在内壁涂两次不被润滑油侵蚀的涂层。
2.用铅丝检验啮合侧隙，其侧隙不小于0.16mm，铅丝直径不得大于最小间隙的4倍。
3.用涂色法检验斑点，齿高接触斑点不小于40%；齿长接触斑点不小于50%。必要时可采用研磨或刮后研磨方法，以便改善接触情况。
4.调整轴承时所留轴向间隙如下：φ40为0.05～0.1mm；55为0.08～0.15mm。
5.装配时，剖分面不允许使用任何填料，可涂以密封胶或水玻璃。试转时应检查剖分面及密封处，均不准漏油。
7.表面涂灰色油漆。

| 功率 | 10.1kW | 高速轴转速 | 970r/min | 传动比 | 4 |

25	键16×50	1	Q275A	GB/T 1096—2003	
24	端盖	1	HT150		
23	挡油环	2	Q235		
22	键8×60	1	Q275A	GB/T 1096—2003	
21	齿轮轴	1	45		
20	轴承6208	2		GB/T 276—2013	
19	可通端盖	1	Q235A		
18	油圈	1	工业用革		
17	六角螺塞	1	Q235A	JB/ZQ 4450—2006	
16	螺塞封M10	4	工业用革	GB/T 69—2016	
15	密封垫	1	Q235A		
14	油标	1	65Mn		
13	螺母M8	2	Q235A	GB/T 6710—2015	
12	防松垫片	2	Q235A	GB/T 5780—2016	
11	螺栓M8×38	2	65Mn	GB/T 6710—2015	
10	螺母M10	4	Q235A		
09	防松垫片	4	Q235A	GB/T 15782—2016	
08	螺栓M10×125	4	Q235A		
07	通气器	1	Q215A	GB/T 68—2000	
06	螺栓M6×8	4			
05	窥视孔盖	1	石棉橡胶板		
04	垫片	1	HT200		
03	箱盖	1	35		
02	定位销	2	HT200	GB/T 93—1987	
01	箱座	1			
序号	名称	数量	材料	标准	备注
班级				比例		图号
制图		学号	制图日期	件数		
审核		审核日期	成绩			
						单位

35	小轴端盖	1	Q235A		
34	调整环	1	Q235		
33	套筒	1	耐油橡胶	GB/T 3452.1—2005	
32	O形油封	1	Q275A	GB/T 1096—2003	
31	键10×44	1	45		
30	可通端盖	1	Q235A		
29	轴端盖	1	45		
28	大齿轮	1	Q235A	GB/T 276—2013	
27	调整垫片	2	Q235A		
26	序号	名称	数量	材料	标准	备注

和其他部件或者机座的连接、安装关系,与工作原理有直接关系的各零件的关键结构和形状。

2. 必要的尺寸

标注零件之间的配合尺寸、部件安装尺寸、部件的外形尺寸、部件的工作性能尺寸等一些重要尺寸。

3. 技术要求

用视图难以表达清楚的要求,如产品或部件在装配、安装、检测和使用时应该达到的要求,用文字或者符号等说明。技术要求应工整地写在视图的右方或下方。

4. 零部件序号、标题栏和明细栏

为了工作和管理的需要,对零件进行编号,在明细栏中依次填写序号、名称、件数、材料等内容,标题栏中要填入产品或者部件的名称、规格、比例以及制图员和审核人员的签名。

课题二　装配图的图样画法

装配图的绘制原则是要正确、完整、清晰地表达产品或者部件的工作原理和装配关系。之前介绍的各种基本视图、剖视图和断面图等零件图常见的表达方法都适用于装配图。此外,由于装配图还需要表达各零部件之间的装配关系,因此装配图还有一些一般画法、特殊画法和简化画法。

一、一般画法

1. 接触面和配合面的画法

两个零件的接触面和配合面只画一条线;非接触面或者非配合面,即便是间隙非常小也必须画两条线,如图 11-2 所示。

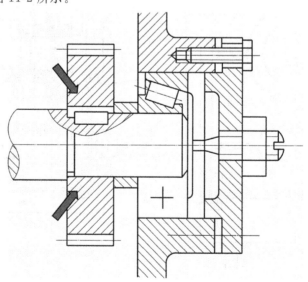

图 11-2　装配图接触面和配合面的画法示例

2. 剖面线的画法

(1) 在同一张装配图中,同一零件在各个视图中的剖面线方向和间隔距离应该保持一致,如图 11-3 所示。

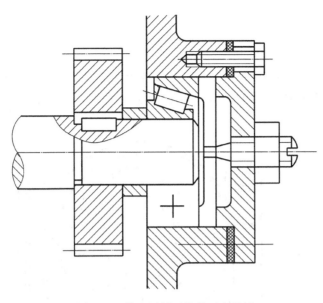

图 11-3　装配图剖面线的画法示例

（2）在同一张装配图中，不同零件在各个视图中的剖面线方向和间隔距离应该加以区分。

（3）薄壁零件画剖视图，厚度小于 2 mm 时允许将剖面涂黑来代替剖面线，如图 11-4 所示。

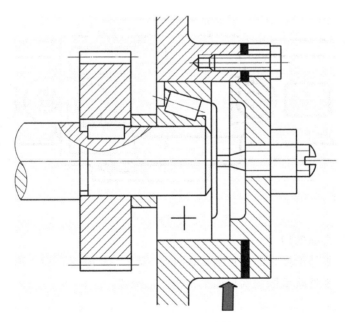

图 11-4　剖面的画法示例

3. 实心件的画法

（1）对于螺钉、螺栓等紧固件和一些实心零件，如轴、手柄、拉杆、连杆、球、键、销等，当剖切平面通过其对称中心线或轴线时，这些零件按不剖绘制。

（2）如需要特别表明零件上的某些构造，如凹槽、键槽、销孔等，可用局部剖视图的形式表示。

二、特殊画法

1. 拆卸画法

在装配图中,当某些视图中的一个或几个零件遮住需要表达的其他结构时,可以假想将某些零件拆卸后画出所要表达的部分,并标注"拆去零件××",如图 11-5 所示。

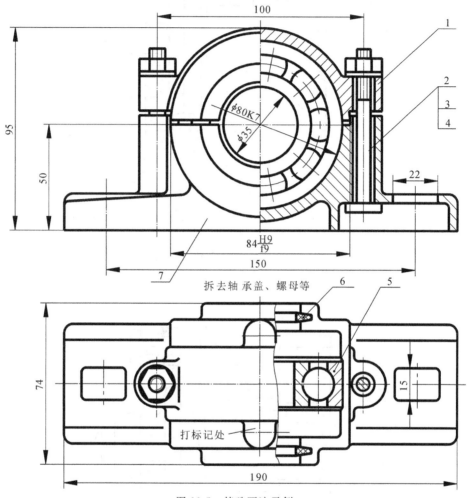

图 11-5　特殊画法示例

2. 沿零件的接合面剖切

可假想沿某些零件的接合面进行剖切,再画出视图。此时接合面上不画剖面线,但被剖切到的螺栓等实心零件因是横向剖切而必须画出剖面线。

3. 假想画法

在装配图中,当需要表达某些零件的运动范围和极限位置时,可以用双点画线画出运动零件在极限位置的外形轮廓图,如图 11-6 所示。

在装配图中,当需要表达本部件与相邻零部件的装配关系时,可以用双点画线画出相邻零部件与本部件相邻部分的主要外形轮廓,如图 11-7 所示。

4. 夸大画法

当画装配图中的细小结构,如很薄的垫片、细丝弹簧、较小的锥度或斜度时,若按原尺寸

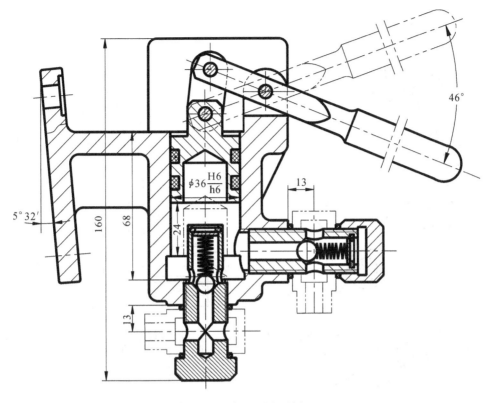

图 11-6　假想画法示例 1

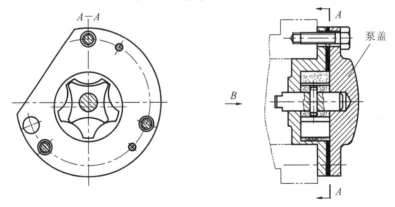

图 11-7　假想画法示例 2

画就非常不清晰,此时可以适当扩大比例画图,以便于画图和识图。

5. 展开画法

为了表达某些重叠的装配关系,可以展开画出,展开方法和绘制展开剖视图方法一样,并在装配图上标注"×—×展开",如图 11-8 所示。

三、简化画法

(1) 在装配图中,如有若干个相同的零件组,允许只详细画出一处,其余用点画线标明中心位置。

(2) 在装配图中,零件的工艺结构,如圆角、倒角、退刀槽、拔模斜度等,可以省略不画。

(3) 在装配图中,滚动轴承允许一半用规定画法绘制,另一半及相同规格的剩余轴承用

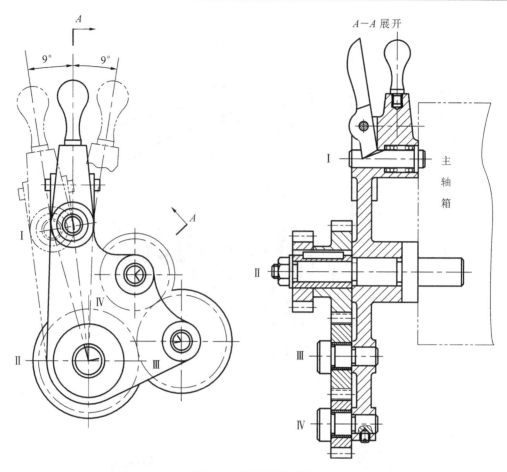

图 11-8　展开画法示例

简化画法表示。

　　（4）在装配图中，螺母、螺栓等螺纹紧固件可以采用简化画法。

　　（5）在装配图中，零件的工艺结构，如小圆角、倒角、退刀槽等，可不画出。如图 11-9 所示，退刀槽、圆角及轴端倒角都未画出。

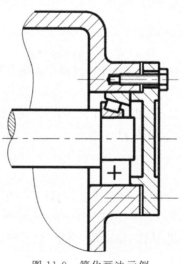

图 11-9　简化画法示例

课题三　装配图的尺寸标注和技术要求

一、尺寸标注

1. 性能规格尺寸

性能规格尺寸是表示产品和部件的性能、规格和特征的重要尺寸,是设计产品和部件的重要参数,也是用户选型的依据。

2. 装配尺寸

装配尺寸表明产品或部件内部零件之间的工作性能和装配精度。装配尺寸有两种:

(1) 有公差配合要求的零件之间的配合尺寸,标明配合后应该达到的配合性质和精度等级。

(2) 装配时需要保证零件之间相对位置的尺寸。

3. 安装尺寸

安装尺寸是产品或部件安装在地基上或者与其他部件组装、连接时所需要参考的尺寸。

(1) 外形尺寸:表示产品或者部件外形轮廓的总长、总宽、总高的尺寸,为包装、运输和安装提供数据。

(2) 其他重要尺寸:设计时经过计算和查表确定,但未包括在上述尺寸中的一些尺寸,比如运动部件的极限运动尺寸等。

二、技术要求

装配图上的技术要求一般用文字注写在图样的下方或右侧空白处,用来描述一些用视图无法表达清楚的要求,一般有以下几个方面。

(1) 性能要求:产品或部件的规格、参数和性能指标。

(2) 装配要求:产品或部件在装配、施工、焊接等过程中的注意事项和装配后应该满足的要求。

(3) 使用要求:产品或部件在涂层、包装、运输、安装过程中的注意事项。

(4) 检验要求:产品或部件在试车、检验、验收等方面应该达到的指标。

课题四　装配图的零件序号、明细栏、标题栏

一、零件序号

装配图中所有零件都必须编号,同一个零件只编一个序号,数量填写在明细栏中。

序号的标注方法:在要标注的零件的可见轮廓内涂一个小黑点,然后用细实线画出指引线,在指引线的末端画一水平的标注线或圆圈,在标注线上或圆圈内用阿拉伯数字标写该零件的序号,序号字高要比图中数字大一号或两号,如图 11-10 所示。

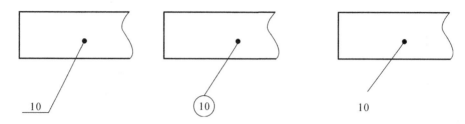

图 11-10　零件序号的标注方法

序号应该沿着水平或者竖直方向按照顺时针或逆时针方向排列整齐。视图中的序号应该和明细栏中的序号一一对应。

各引线不允许相交,并且要避免与图样中的轮廓线或剖面线重合或平行。指引线可以画成折线,但只能曲折一次。

对于一组紧固件或者装配关系清楚的零件组,可以采用公共指引线,如图 11-11 所示。

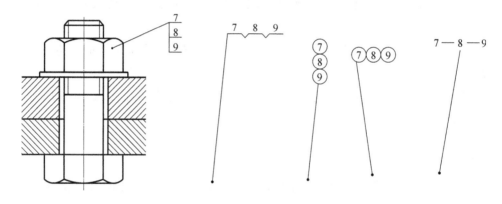

图 11-11　公共指引线

二、明细栏

明细栏是装配图中各零件的详细目录,明细栏的内容有序号、名称、数量、规格等内容。绘制和填写明细栏时要注意以下内容:

(1) 序号应自下而上从小到大依次填写。

(2) 明细栏在标题栏的上方。当位置不够时,也可以分段画在标题栏的左边。

三、标题栏

装配图的标题栏的内容和格式与零件图的一样,主要填写产品或部件的名称、代号、比例和有关人员的签名,如图 11-12 所示。

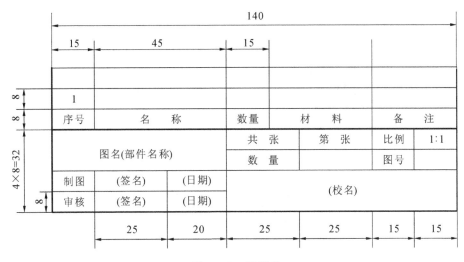

图 11-12 标题栏

课题五 装配结构的合理性

（1）两个零件接触时，在同一方向上只能有一对接触面，如图 11-13 所示，如果两组面同时接触，会给制造和装配过程带来困难。

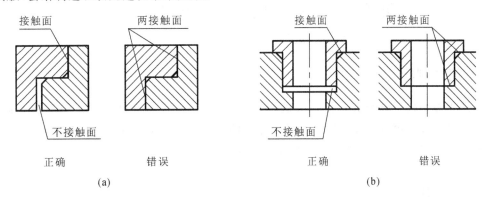

图 11-13 装配结构的合理性 1

（2）两个锥面配合时，锥体顶部和锥孔底部必须留有空隙。

（3）在轴肩和孔的断面接触时，应作出相应的圆角、倒角、退刀槽或越程槽。

（4）在设计零件结构时，要考虑到每一个零件能够正确安装和拆卸，为了使紧固件方便拆装，要留有足够的空间，如图 11-14 所示。

（5）为了防止内部液体外漏或者外部灰尘进入，需要采用密封装置，常用的有毡圈密封、填料密封、垫片密封。

（6）为了防止振动等因素造成连接件的松动和脱落，需要采用防松装置，常用的有用双螺母锁紧、用弹簧垫圈锁紧、用开口销防松。

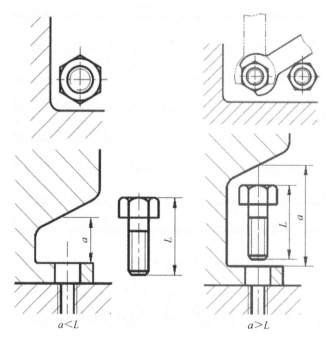

图 11-14　装配结构的合理性 2

课题六　部件测绘与装配图的画法

一、部件测绘

部件测绘是指在维修机器设备或进行技术改造时,对现有部件(或机器)进行拆卸、测量,画出零件草图,再画出装配图和零件工作图的过程。测绘是工程技术人员必须掌握的基本技能之一,是进行技术交流、产品仿制和改进必不可少的步骤。部件测绘的方法及步骤如下。

1. 分析部件

在开始测绘之前,要对部件进行详细观察和研究,并阅读相关资料,了解装配体的用途、工作原理和结构特点,确定测绘的内容和要求。

2. 画装配示意图

在拆卸较复杂的装配体时,要充分研究零件之间的装配关系和拆卸顺序,可以绘制装配示意图,为拆卸后重装以及画装配图提供参考。

装配示意图可以记录部件中各零件的相对位置和装配关系,常用简单线条画出零件大致轮廓,将各零件的工作情况和活动路线表达清楚即可。

3. 拆卸部件

在开始拆卸之前,要充分研究零件之间的装配关系和装拆顺序,准备必要的工具和量具。在拆卸零件时,按顺序给拆下的零件编号,也可以将装配体分成若干组成部分后再依次拆卸。

　　另外,对于不可拆卸和过盈配合的零件(如焊接件、铆接件),一般不拆,以免损坏零件或影响装配体的性能和精度。要求还原装配体之后仍然能保持精度不变。

　　图 11-15 所示为球阀的轴测装配图,其装配示意如图 11-16 所示。

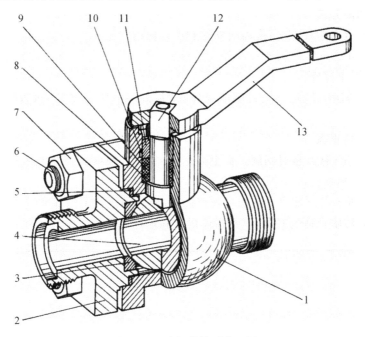

图 11-15　球阀的轴测装配图

1—阀体;2—阀盖;3—密封圈;4—阀芯;5—调整垫;6—螺柱;7—螺母;
8—填料垫;9—中填料;10—上填料;11—填料压紧套;12—阀杆;13—扳手

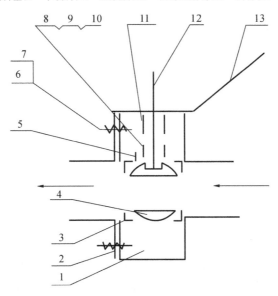

图 11-16　球阀的装配示意图

4.画零件草图

　　部件中的零件可以分成两类:一类是标准件,这类零件需要测出其规格尺寸,然后查阅手册,将标准代号填入明细栏中,不必画零件草图;另一类零件是非标准件,这类零件则需要画出全部的零件草图,要求结构尺寸和技术要求必须完整。完成全部零件草图后,将所有零件按照原样装配复原成部件。

二、装配图的画法

1. 画装配图的方法

画装配图通常有两种方法:由内向外法和由外向内法。

(1)由内向外法一般是从核心零件开始绘制,再画与之有配合关系的零件,由内而外,依次扩展,画出各个零件。

(2)由外向内法一般是先画机座或壳体,从最外层的零件开始,再逐渐向内画出各个零件。

2. 画装配图的步骤

(1)选比例,定图幅,布置图纸。根据装配体的大小,选取适当的画图比例,确定图幅的大小。画出图框、标题栏,留出明细栏的位置。

(2)绘制各视图的基准线。画出各视图的中心线、轴线和定位基准线,如图 11-17 所示。注意各视图之间留出合适的间隔,以便标注尺寸和进行零件标号。

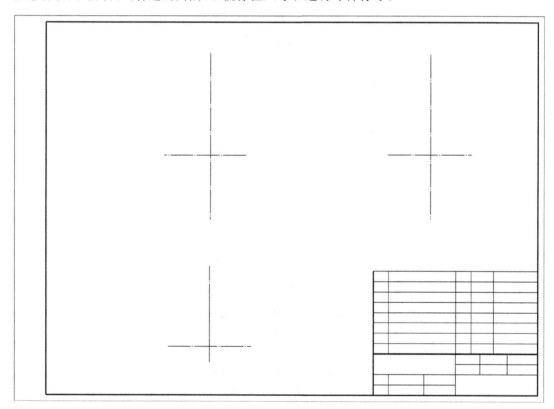

图 11-17　画各视图的中心线、轴线和定位基准线

(3)绘制主要零件的轮廓。一般从主要零件开始绘制,先画主视图,再画其他视图。

(4)绘制其他零件。按照与主要零件的装配关系,依次画出其他零件的各个视图,再画剖面线及局部剖视图,如图 11-18 至图 11-20 所示。

(5)标注。标注尺寸,注写技术要求,编序号,填标题栏和明细栏,如图 11-21 所示。

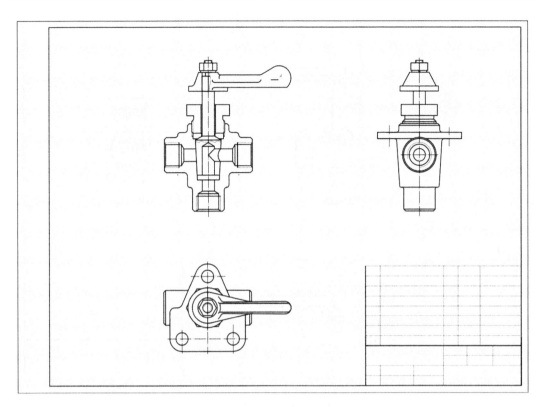

图 11-18　画各视图

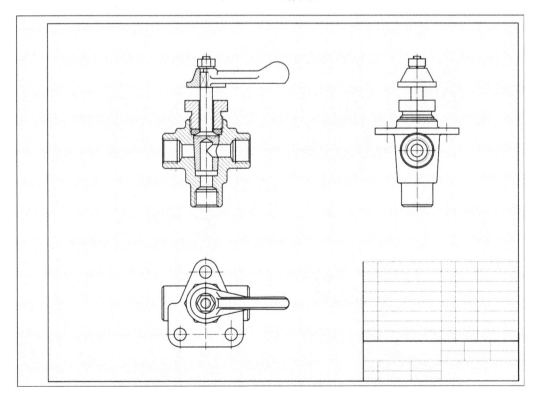

图 11-19　画剖面线

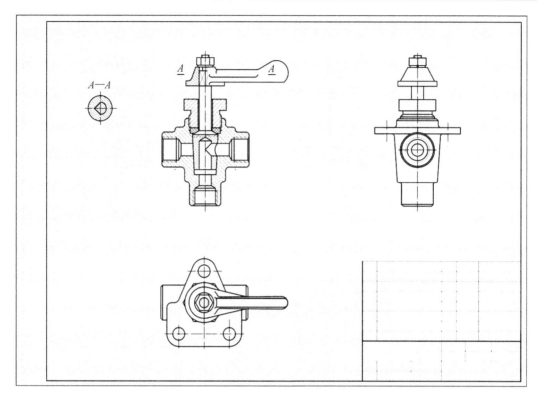

图 11-20　画局部视图

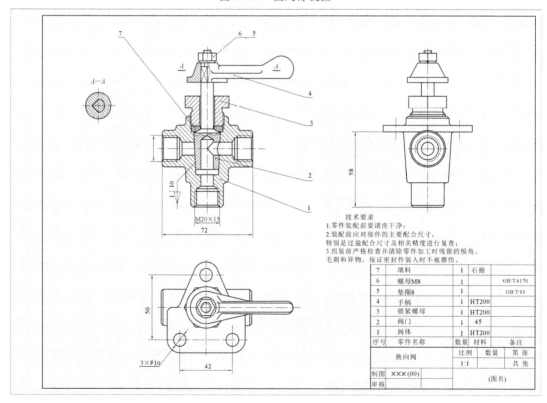

7	填料	1	石棉	
6	螺母M8	1		GB/T 6170
5	垫圈8	1		GB/T 93
4	手柄	1	HT200	
3	锁紧螺母	1	HT200	
2	阀门	1	45	
1	阀体	1	HT200	
序号	零件名称	数量	材料	备注

技术要求
1.零件装配前要清洗干净;
2.装配前应对部件的主要配合尺寸,
特别是过盈配合尺寸及相关精度进行复查;
3.组装前严格检查并清除零件加工时残留的锐角、
毛刺和异物,保证密封件装入时不被擦伤。

换向阀

	比例	数量	第张
	1:1		共张
制图	×××(00)		(图名)
审核			

图 11-21　标注尺寸,注写技术要求,填写明细栏

（6）完善装配图。检查底稿,擦去多余线条,对轮廓线进行加深。

（7）完成全图后仔细审核,然后签名,注上时间。

课题七　读装配图和拆画零件图

一、读装配图

1. 读装配图的目的和要求

（1）明确机器和装配体的性能、用途和工作原理。

（2）明确各零件的定位方式、装配关系、拆装顺序。

（3）了解其他组成零件、技术要求和主要尺寸。

2. 读装配图的方法和步骤

1）概括了解

首先,通过标题栏了解机器或部件的名称。

其次,对照明细栏和序号详细了解各零件名称、数量、材料和所在位置,然后观察各视图、剖视图、断面图等的投影方向及相互关系。

2）了解装配关系和工作原理

先从主要视图入手,分析主要装配干线或传动路线,了解各零件的装配关系、零件的连接和定位、拆装顺序,分析机器的工作原理,同时了解运动件的润滑、密封方式等。

3）了解零件的结构

根据装配图,分析各零件的作用,分析确定零件的形状。先从主要零件开始分析,再看次要零件,通过图上序号、指引线、剖面线找出零件位置,想象出零件的形状,分析零件的作用。

4）归纳总结

通过以上分析,在了解装配关系和工作原理的基础上,对装配图上所标注的尺寸、技术要求进行分析,完全理解装配图,为拆画零件图打下基础。

二、拆画零件图

拆画零件图指在读懂装配图的前提下,按照零件图的要求绘制零件图。

1. 从装配图中分离零件

在完全看懂装配图的基础上,根据零件的编号、剖面线等信息,从装配图上隔离出零件的轮廓范围。

对于标准件,按照规定画法将它们从装配图中分离出去,不需要画零件图。

对于一般零件,将零件逐一从装配图中分离出来,画出零件图。

2. 选择零件的表达方案

在拆画零件图时,不需要完全照搬装配图中的表达方法,要根据零件的结构重新考虑,选择合适的表达方案。

若在装配图中某些零件的局部结构没有表达清楚,要根据零件在部件中的作用,将一些省略的工艺结构在零件图中补齐。

3. 标注零件完整的尺寸

装配图中已经注出的尺寸可直接标注到零件图中；与标准件相关的尺寸，要从相关的标准中查取；其他没有标注的尺寸，可直接在装配图上按比例量取。

4. 编写技术要求和标题栏

根据零件的作用，查阅相关手册来确定相关参数，据此编写技术要求。然后按规定填写标题栏。

附　　录

一、螺纹

（一）普通螺纹（GB/T 193—2003、GB/T 196—2003）

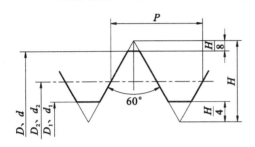

图中：$H = 0.866025404P$

$$D_2 = D - 2 \times \frac{3}{8}H = D - 0.6495P$$

$$d_2 = d - 2 \times \frac{3}{8}H = d - 0.6495P$$

$$D_1 = D - 2 \times \frac{5}{8}H = D - 1.0825P$$

$$d_1 = d - 2 \times \frac{5}{8}H = d - 1.0825P$$

标记示例

公称直径 24 mm，螺距 1.5 mm，右旋的细牙普通螺纹：

M24×1.5

公称直径与螺距标准组合系列见附表 1。

附表 1　　　　　　　　　　　　　　　　　　　　　　　　　　　　　（mm）

| 公称直径 D,d | | 螺距 P | | 公称直径 D,d | | 螺距 P | | 公称直径 D,d | | 螺距 P | |
第一系列	第二系列	粗牙	细牙	第一系列	第二系列	粗牙	细牙	第一系列	第二系列	粗牙	细牙
3		0.5	0.35	12		1.75	1.5,1.25,1		33	3.5	(3),2,1.5
	3.5	0.6			14	2	1.5,1.25*,1	36		4	3,2,1.5
4		0.7	0.5	16			1.5,1		39		
	4.5	0.75			18			42		4.5	
5		0.8		20		2.5			45		
6		1	0.75		22		2,1.5,1	48		5	4,3,2,1.5
	7			24		3			52		
8		1.25	1,0.75		27			56		5.5	
10		1.5	1.25,1,0.75	30		3.5	(3),2,1.5,1		60		

注：① 优先选用第一系列，其次选择第二系列，最后选择第三系列，尽可能地避免使用括号内的螺距；

② 公称直径 D,d 为 1~2.5 和 64~300 的部分未列入，第三系列全部未列入；

③ M14×1.25 仅用于发动机的火花塞；

④ 中径 D_2,d_2 未列入。

基本尺寸见附表2。

附表 2 （mm）

公称直径（大径）D,d	螺距 P	中径 D_2,d_2	小径 D_1,d_1	公称直径（大径）D,d	螺距 P	中径 D_2,d_2	小径 D_1,d_1	公称直径（大径）D,d	螺距 P	中径 D_2,d_2	小径 D_1,d_1
3	0.5	2.675	2.459	10	1.5	9.026	8.376	18	2.5	16.376	15.294
	0.35	2.773	2.621		1.25	9.188	8.647		2	16.701	15.835
3.5	0.6	3.110	2.850		1	9.350	8.917		1.5	17.026	16.376
	0.35	3.273	3.121		0.75	9.513	9.188		1	17.350	16.917
4	0.7	3.545	3.242	12	1.75	10.863	10.106	20	2.5	18.376	17.294
	0.5	3.675	3.459		1.5	11.026	10.376		2	18.701	17.835
4.5	0.75	4.013	3.688		1.25	11.188	10.647		1.5	19.026	18.376
	0.5	4.175	3.959		1	11.350	10.917		1	19.350	18.917
5	0.8	4.480	4.134	14	2	12.701	11.835	22	2.5	20.376	19.294
	0.5	4.675	4.459		1.5	13.026	12.376		2	20.701	19.835
6	1	5.350	4.917		1.25	13.188	12.647		1.5	21.026	20.376
	0.75	5.513	5.188		1	13.350	12.917		1	21.350	20.917
7	1	6.350	5.917	16	2	14.701	13.835	24	3	22.051	20.752
	0.75	6.513	6.188						2	22.701	21.835
8	1.25	7.188	6.647		1.5	15.026	14.376		1.5	23.026	22.376
	1	7.350	6.917								
	0.75	7.513	7.188		1	15.350	14.917		1	23.350	22.917

注：公称直径 D,d 为 1~2.5 和 27~300 的部分未列入，第三系列全部未列入。

（二）管螺纹

55°密封管螺纹 $\begin{cases} \text{第1部分} & \text{圆柱内螺纹与圆锥外螺纹（GB/T 7306.1—2000）} \\ \text{第2部分} & \text{圆锥内螺纹与圆锥外螺纹（GB/T 7306.2—2000）} \end{cases}$

55°非密封管螺纹（GB/T 7307—2001）

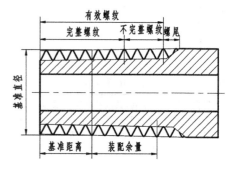

圆柱内螺纹的设计牙型　　　　　　圆锥外螺纹的有关尺寸

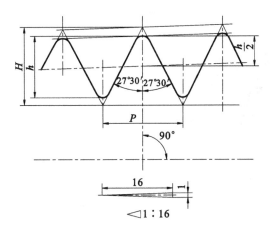

圆锥外螺纹的设计牙型
标记示例

GB/T 7306.1

　　尺寸代号 3/4，右旋，圆柱内螺纹：$R_p3/4$

　　尺寸代号 3，右旋，圆锥外螺纹：R_13

　　尺寸代号 3/4，左旋，圆柱内螺纹：$R_p3/4$ LH

GB/T 7306.2

　　尺寸代号 3/4，右旋，圆锥内螺纹：$R_c3/4$

　　尺寸代号 3，右旋，圆锥外螺纹：R_23

　　尺寸代号 3/4，左旋，圆锥内螺纹：$R_c3/4$ LH

GB/T 7307

　　尺寸代号 2，右旋，圆柱内螺纹：G2

　　尺寸代号 3，右旋，A 级圆柱外螺纹：G3A

　　尺寸代号 2，左旋，圆柱内螺纹：G2 LH

　　尺寸代号 4，左旋，B 级圆柱外螺纹：G4B-LH

　　管螺纹的尺寸代号及基本尺寸见附表 3。

附表 3　　　　　　　　　　　　　　　　　　　　（mm）

尺寸代号	每 25.4 mm 内所含的牙数 n	螺距 P	牙高 h	基本直径			基准距离（基本）	外螺纹的有效螺纹不小于
				大径 $d=D$	中径 $d_2=D_2$	小径 $d_1=D_1$		
1/16	28	0.907	0.581	7.723	7.142	6.561	4	6.5
1/8	28	0.907	0.581	9.728	9.147	8.566	4	6.5
1/4	19	1.337	0.856	13.157	12.301	11.445	6	9.7
3/8	19	1.337	0.856	16.662	15.806	14.950	6.4	10.1
1/2	14	1.814	1.162	20.955	19.793	18.631	8.2	13.2
3/4	14	1.814	1.162	26.441	25.279	24.117	9.5	14.5
1	11	2.309	1.479	33.249	31.770	30.291	10.4	16.8
1¼	11	2.309	1.479	41.910	40.431	38.952	12.7	19.1
1½	11	2.309	1.479	47.803	46.324	44.845	12.7	19.1
2	11	2.309	1.479	59.614	58.135	56.656	15.9	23.4
2½	11	2.309	1.479	75.184	73.705	72.226	17.5	26.7
3	11	2.309	1.479	87.884	86.405	84.926	20.6	29.8
4	11	2.309	1.479	113.030	111.551	110.072	25.4	35.8
5	11	2.309	1.479	138.430	136.951	135.472	28.6	40.1
6	11	2.309	1.479	163.830	162.351	160.872	28.6	40.1

注：第五列中所列的是圆柱螺纹的基本直径和圆锥螺纹在基准平面内的基本直径；第六、七列只使用于圆锥螺纹。

（三）梯形螺纹（GB/T 5796.2—2005，GB/T 5796.3—2005）

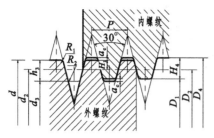

标记示例

公称直径 40 mm，导程 14 mm，螺距 7 mm的双线左旋梯形螺纹；

Tr40×14(P7)　　LH

直径与螺距系列、基本尺寸见附表 4。

附表 4　　　　　　　　　　　　　　　　　　　　（mm）

公称直径 d 第一系列	公称直径 d 第二系列	螺距 P	中径 $d_2=D_2$	大径 D_4	小径 d_3	小径 D_1
8		1.5	7.250	8.300	6.200	6.500
	9	1.5	8.250	9.300	7.200	7.500
	9	2	8.000	9.500	6.500	7.000
10		1.5	9.250	10.300	8.200	8.500
10		2	9.000	10.500	7.500	8.000
	14	2	13.000	14.500	11.500	12.000
	14	3	12.500	14.500	10.500	11.000
16		2	15.000	16.500	13.500	14.000
16		4	14.000	16.500	11.500	12.000
	18	2	17.000	18.500	15.500	16.000
	18	4	16.000	18.500	13.500	14.000
20		2	19.000	20.500	17.500	18.000
20		4	18.000	20.500	15.500	16.000
	22	3	20.500	22.500	18.500	19.000
	22	5	19.500	22.500	16.500	17.000
	22	8	18.000	23.000	13.000	14.000
24		3	22.500	24.500	20.500	21.000
24		5	21.500	24.500	18.500	19.000
24		8	20.000	25.000	15.000	16.000
	26	3	24.500	26.500	22.500	23.000
	26	5	23.500	26.500	20.500	21.000
	26	8	22.000	27.000	17.000	18.000

公称直径 d 第一系列	公称直径 d 第二系列	螺距 P	中径 $d_2=D_2$	大径 D_4	小径 d_3	小径 D_1
	11	2	10.000	11.500	8.500	9.000
	11	3	9.500	11.500	7.500	8.000
12		2	11.000	12.500	9.500	10.000
12		3	10.500	12.500	8.500	9.000
28		3	26.500	28.500	24.500	25.000
28		5	25.500	28.500	22.500	23.000
28		8	24.000	29.000	19.000	20.000
30		3	28.500	30.500	26.500	27.000
30		6	27.000	31.000	23.000	24.000
30		10	25.000	31.000	19.000	20.000
32		3	30.500	32.500	28.500	29.000
32		6	29.000	33.000	25.000	26.000
32		10	27.000	33.000	21.000	22.000
	34	3	32.500	34.500	30.500	31.000
	34	6	31.000	35.000	27.000	28.000
	34	10	29.000	35.000	23.000	24.000
36		3	34.500	36.500	32.500	33.000
36		6	33.000	37.000	29.000	30.000
36		10	31.000	37.000	25.000	26.000
	38	3	36.500	38.500	34.500	35.000
	38	7	34.500	39.000	30.000	31.000
	38	10	33.000	39.000	27.000	28.000
40		3	38.500	40.500	36.500	37.000
40		7	36.500	41.000	32.000	33.000

注：① 优先选用第一系列，其次选用第二系列，新产品设计中，不宜选用第三系列；

　　② 公称直径 d＝42～300 未列入，第三系列全部未列入。

二、常用的标准件

（一）螺钉

开槽圆柱头螺钉(GB/T 65—2000)

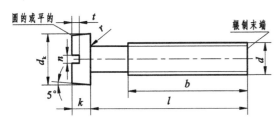

标记示例

螺纹规格 d＝M5、公称长度 l＝20 mm、性能等级为 4.8 级,不经表面处理的 A 级开槽圆柱头螺钉:

螺钉　GB/T 65　M5×20

相关参数见附表 5。

附表 5　　　　　　　　　　　　　　　　　　　　　　　　(mm)

螺纹规格 d		M4	M5	M6	M8	M10
P(螺距)		0.7	0.8	1	1.25	1.5
b	min	38	38	38	38	38
d_k	max	7	8.5	10	13	16
k	max	2.6	3.3	3.9	5	6
n	公称	1.2	1.2	1.6	2	2.5
r	min	0.2	0.2	0.25	0.4	0.4
t	min	1.1	1.3	1.6	2	2.4
公称长度 l		5～40	6～50	8～60	10～80	12～80
l 系列		5,6,8,10,12,(14),16,20,25,30,35,40,45,50,(55),60,(65),70,(75),80。				

注:① 公称长度 l≤40 的螺钉,制出全螺纹;
② 括号内的规格尽可能不采用;
③ 螺纹规格 d＝M1.6～M10,公称长度 l＝2～80 mm,d<M4 的螺钉未列入;
④ 材料为钢的螺钉性能等级有 4.8、5.8 级,其中 4.8 级为常用。

开槽盘头螺钉(GB/T 67—2016)

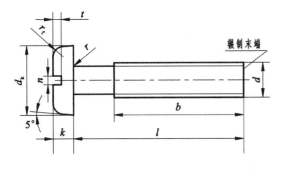

标记示例

螺纹规格 d＝M5、公称长度 l＝20 mm、性能等级为 4.8 级,不经表面处理的 A 级开槽盘头螺钉:

螺钉　GB/T 67　M5×20

相关参数见附表 6。

附表 6　　　　　　　　　　　　　　　　　　　　　　　　　　　（mm）

螺纹规格 d	M3	M4	M5	M6	M8	M10
P（螺距）	0.5	0.7	0.8	1	1.25	1.5
b　min	25	38	38	38	38	38
d_k　公称＝max	5.6	8	9.5	12	16	20
k　公称＝max	1.8	2.4	3	3.6	4.8	6
n　公称	0.8	1.2	1.2	1.6	2	2.5
r　min	0.1	0.2	0.2	0.25	0.4	0.4
t　min	0.7	1	1.2	1.4	1.9	2.4
r_f　参考	0.9	1.2	1.5	1.8	2.4	3
公称长度 l	4～30	5～40	6～50	8～60	10～80	12～80
l 系列	4,5,6,8,10,12,(14),16,20,25,30,35,40,45,50,(55),60,(65),70,(75),80					

注：① 括号内的规格尽可能不采用；

　　② 螺纹规格 d＝M1.6～M10，公称长度 2～80 mm，d＜M3 的螺钉未列入；

　　③ M1.6～M3 的螺钉，公称长度 l≤30 mm 时，制出全螺纹；

　　④ M4～M10 的螺钉，公称长度 l≤40 mm 时，制出全螺纹；

　　⑤ 材料为钢的螺钉，性能等级有 4.8、5.8 级，其中 4.8 级为常用。

开槽沉头螺钉（GB/T68—2000）

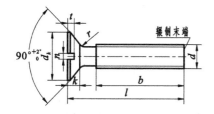

标记示例

螺纹规格 d＝M5，公称长度 l＝20 mm、性能等级为 4.8 级，不经表面处理的 A 级开槽沉头螺钉：

螺钉　GB/T 68　M5×20

相关参数见附表 7。

附表 7　　　　　　　　　　　　　　　　　　　　　　　　　　　（mm）

螺纹规格 d	M1.6	M2	M2.5	M3	M4	M5	M6	M8	M10
P（螺距）	0.35	0.4	0.45	0.5	0.7	0.8	1	1.25	1.5
b　min	25	25	25	25	38	38	38	38	38
d_k　max	3.6	4.4	5.5	6.3	9.4	10.4	12.6	17.3	20
k　max	1	1.2	1.5	1.65	2.7	2.7	3.3	4.65	5
n　nom	0.4	0.5	0.6	0.8	1.2	1.2	1.6	2	2.5
r　max	0.4	0.5	0.6	0.8	1	1.3	1.5	2	2.5
t　max	0.5	0.6	0.75	0.85	1.3	1.4	1.6	2.3	2.6
公称长度 l	2.5～16	3～20	4～25	5～30	6～40	8～50	8～60	10～80	12～80
l 系列	2.5,3,4,5,6,8,10,12,(14),16,20,25,30,35,40,50,(55),60,(65),70,(75),80								

注：① 括号内的规格尽可能不采用；

　　② M1.6～M3 的螺钉，公称长度 l≤30 mm 时，制出全螺纹；

　　③ M4～M10 的螺钉，公称长度 l≤45 mm 时，制出全螺纹；

　　④ 材料为钢的螺钉性能等级有 4.8、5.8 级，其中 4.8 级为常用。

内六角圆柱头螺钉（GB/T 70.1—2008）

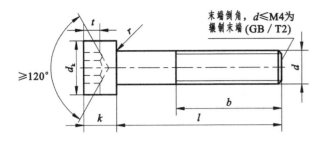 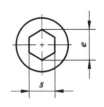

标 记 示 例

螺纹规格 d ＝ M5、公称长度 l ＝ 20 mm、性能等级为 8.8 级，表面氧化的内六角圆柱头螺钉：

螺钉　GB/T 70.1　M5×20

相关参数见附表8。

附表8　　　　　　　　　　　　　　　　　（mm）

螺纹规格 d	M3	M4	M5	M6	M8	M10	M12	M16	M20
P（螺距）	0.5	0.7	0.8	1	1.25	1.5	1.75	2	2.5
b　参考	18	20	22	24	28	32	36	44	52
d_k　max	5.5	7	8.5	10	13	16	18	24	30
k　max	3	4	5	6	8	10	12	16	20
t　min	1.3	2	2.5	3	4	5	6	8	10
s　公称	2.5	3	4	5	6	8	10	14	17
e　min	2.87	3.44	4.58	5.72	6.86	9.15	11.43	16.00	19.44
r　min	0.1	0.2	0.2	0.25	0.4	0.4	0.6	0.6	0.8
公称长度 l	5～30	6～40	8～50	10～60	12～80	16～100	20～120	25～160	30～200
l≤表中数值时，制出全螺纹	20	25	25	30	35	40	45	55	65
l 系列	2.5,3,4,5,6,8,10,12,16,20,25,30,35,40,45,50,55,60,65,70,80,90,100,11,120,130,140,150,160,180,200,220,240,260,280,300								

注：螺纹规格 d ＝ M1.6～M64；六角槽端允许倒圆或制出沉孔；材料为钢的螺钉的性能等级有 8.8,10.9,12.9 级，8.8 级为常用。

开槽锥端紧定螺钉　　　　开槽平端紧定螺钉　　　　开槽长圆柱端紧定螺钉
（GB/T 71）　　　　　　　（GB/T 73）　　　　　　　（GB/T 75）

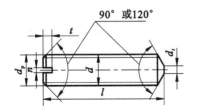 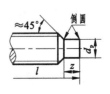

标 记 示 例

螺纹规格 $d=$ M5、公称长度 $l=12$ mm、性能等级为 14H 级，表面氧化的开槽平端紧定螺钉：

螺钉 GB/T 73 M5×12—14H

相关参数见附表 9。

附表 9 (mm)

螺纹规格 d		M1.6	M2	M2.5	M3	M4	M5	M6	M8	M10	M12
P(螺距)		0.35	0.4	0.45	0.5	0.7	0.8	1	1.25	1.5	1.75
n(公称)		0.25	0.25	0.4	0.4	0.6	0.8	1	1.2	1.6	2
t		0.74	0.84	0.95	1.05	1.42	1.63	2	2.5	3	3.6
d_t		0.16	0.2	0.25	0.3	0.4	0.5	1.5	2	2.5	3
d_p		0.8	1	1.5	2	2.5	3.5	4	5.5	7	8.5
z		1.05	1.25	1.5	1.75	2.25	2.75	3.25	4.3	5.3	6.3
公称长度 l	GB/T 71—1985	2~8	3~10	3~12	4~16	6~20	8~25	8~30	10~40	12~50	14~60
	GB/T 73—1985	2~8	3~10	4~16	4~16	5~20	6~25	8~30	8~40	10~50	12~60
	GB/T 75—1985	2.5~8	4~10	5~12	6~16	8~20	10~25	12~30	16~40	20~50	25~60
l 系列		2.5,5.3,4,5,6,8,10,12,(14),16,20,25,30,35,40,45,50,(55),60									

注：① 括号内的规格尽可能不采用；

② d_f 不大于螺纹小径；本表中 n 摘录的是公称值，t、d_t、d_p、z 摘录的是最大值；l 在 GB/T 71 中，当 $d=$ M2.5、$l=3$ mm 时，螺钉两端倒角均为 120°，其余为 90°；l 在 GB/T 73 和 GB/T 75 中，分别列出了头部倒角为 90° 和 120° 的尺寸，本表只摘录了头部倒角为 90° 的尺寸；

③ 紧定螺钉性能等级有 14H、22H 级，其中 14H 级为常用，H 表示硬度，数字表示最低的维氏硬度的 1/10；

④ GB/T 71、GB/T 73 规定 $d=$ M1.2~M12，GB/T 75 规定 $d=$ M1.6~M12；如需用前两种紧定螺钉 M12 时，有关资料可查阅这两个标准。

（二）螺栓

六角头螺栓— C级 （GB/T 5780—2000）　　　　六角头螺栓— A级和B级 （GB/T 5782—2000）

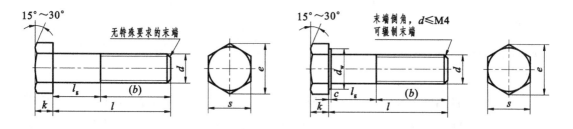

标 记 示 例

螺纹规格 $d=$ M12、公称长度 $l=80$ mm、性能等级为 8.8 级，表面氧化、A 级的六角头螺栓：

螺栓 GB/T 5782 M12×80

相关参数见附表 10。

附表 10　　　　　　　　　　　　　　　　　（mm）

螺纹规格 d			M3	M4	M5	M6	M8	M10	M12	M16	M20	M24	M30	M36	M42
b 参考	$l \leqslant 125$		12	14	16	18	22	26	30	38	46	54	66	—	—
	$125 < l \leqslant 200$		18	20	22	24	28	32	36	44	52	60	72	84	96
	$l > 200$		31	33	35	37	41	45	49	57	65	73	85	97	109
c			0.4	0.4	0.5	0.5	0.6	0.6	0.6	0.8	0.8	0.8	0.8	0.8	1
d_w	产品等级	A	4.57	5.88	6.88	8.88	11.63	14.63	16.63	22.49	28.19	33.61	—	—	—
		B、C	4.45	5.74	6.74	8.74	11.47	14.47	16.47	22	27.7	33.25	42.75	51.11	59.95
e	产品等级	A	6.01	7.66	8.79	11.05	14.38	17.77	20.03	26.75	33.53	39.98	—	—	—
		B、C	5.88	7.50	8.63	10.89	14.20	17.59	19.85	26.17	32.95	39.55	50.85	60.79	72.02
k（公称）			2	2.8	3.5	4	5.3	6.4	7.5	10	12.5	15	18.7	22.5	26
r			0.1	0.2	0.2	0.25	0.4	0.4	0.6	0.6	0.8	0.8	1	1	1.2
s（公称）			5.5	7	8	10	13	16	18	24	30	36	46	55	65
l（商品规格范围）			20~30	25~40	25~50	30~60	40~80	45~100	50~120	65~160	80~200	90~240	110~300	140~360	160~600
l 系列			12,16,20,25,30,35,40,45,50,(55),60,(65),70,80,90,100,110,120,130,140,150,160,180,200,220,240,260,280,300,320,340,360,380,400,420,440,460,480,500												

注：① A 级用于 $d \leqslant 24$ mm 和 $l \leqslant 10d$ 或 $\leqslant 150$ mm 的螺栓，B 级用于 $d > 24$ mm 和 $l > 10d$ 或 > 150 mm 的螺栓；
　② 螺纹规格 d 范围：GB/T 5780 为 M5~M64，GB/T 5782 为 M1.6~M64，表中未列入 GB/T 5780 中尽可能不采用的非优先系列的螺纹规格；
　③ 表中 d 和 e 的数据，属 GB/T 5780 的螺栓查阅产品等级为 C 的行，属 GB/T 5782 的螺栓则分别按产品等级 A、B 分别查阅相应的 A、B 行；
　④ 公称长度 l 的范围：GB/T 5780 为 25~500，GB/T 5782 为 12~500，尽可能不用第一系列中带括号的长度；
　⑤ 材料为钢的螺栓性能等级有 5.6、8.8、9.8、10.9 级，其中 8.8 级为常用。

（三）双头螺柱

双头螺柱—$b_m = 1d$（GB/T 897—1988）

双头螺柱—$b_m = 1.25d$（GB/T 898—1988）

双头螺柱—$b_m = 1.5d$（GB/T 899—1988）

双头螺柱—$b_m = 2d$（GB/T 900—1988）

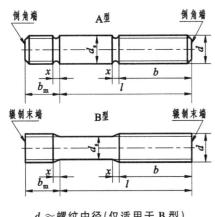

$d_s \approx$ 螺纹中径（仅适用于 B 型）

标记示例

　　两端均为粗牙普通螺纹，$d = 10$ mm，$l = 50$ mm，性能等级为 4.8 级，不经表面处理，B 型，$b_m = 1d$ 的双头螺柱：

　　螺柱　GB/T 897　M10×50

　　旋入端为粗牙普通螺纹，紧固端为螺距 $P = 1$ mm 的细牙普通螺纹，$d = 10$ mm，$l = 50$ mm，性能等级为 4.8 级，不经表面处理，A 型，$b_m = 1.25d$ 的双头螺柱：

　　螺柱　GB/T 898　AM10—M10×1×50

　　相关参数见附表 11。

附表 11 　　　　　　　　　　　　　　　　　　　　　　　　　(mm)

螺纹规格 d	公 称		d_s		x max	b	l 公称
	GB/T 897—1988	GB/T 898—1988	max	min			
M5	5	6	5	4.7		10	16～(22)
						16	25～50
M6	6	8	6	5.7		10	20、(22)
						14	25、(28)、30
						18	(32)～(75)
M8	8	10	8	7.64		12	20、(22)
						16	25、(28)、30
						22	(32)～90
M10	10	12	10	9.64	1.5P	14	25、(28)
						16	30、(38)
						26	40～120
						32	130
M12	12	15	12	11.57		16	25～30
						20	(32)～40
						30	45～120
						36	130～180
M16	16	20	16	15.57		20	30～(38)
						30	40～50
						38	60～120
						44	130～200
M20	20	25	20	19.48		25	35～40
						35	45～60
						46	(65)～120
						52	123～200

注：① 本表未列入 GB/T 899—1988、GB/T 900—1988 两种规格，需用时可查阅这两个标准。GB/T 897、GB/T 898 规定的螺纹规格 d＝M5～M48，如需用 M20 以上的双头螺柱，也可查阅这两个标准；
　　② P 表示粗牙螺纹的螺距；
　　③ l 的长度系列：16、(18)、20、(22)、25、(28)、30(32)、35、(38)、40、45、50、(55)、60、(65)、70、(75)、80、90、(95)、100～260(十进位)、280、300。括号内的数值尽可能不采用；
　　④ 材料为钢的螺柱，性能等级有 4.8、5.8、6.8、8.8、10.9、12.9 级，其中 4.8 级为常用。

(四)螺母

六角螺母—C 级(GB/T 41—2016)

1 型六角螺母—A 和 B 级(GB/T 6170—2015)

标记示例

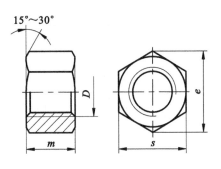

螺纹规格 D＝M12、性能等级为 5 级，不经表面处理、C 级的六角螺母：

　　　　螺母　GB/T 41　M12

螺纹规格 D＝M12、性能等级为 8 级，不经表面处理、A 级的 1 型六角螺母：

　　　　螺母　GB/T 6170　M12

相关参数见附表 12。

附表 12

（mm）

螺纹规格 D		M3	M4	M5	M6	M8	M10	M12	M16	M20	M24	M30	M36	M42
e	GB/T 41—2016	—	—	8.63	10.89	14.20	17.59	19.85	26.17	32.95	39.55	50.85	60.79	72.02
	GB/T 6170—2015	6.01	7.66	8.79	11.05	14.38	17.77	20.03	26.75	32.95	39.55	50.85	60.79	72.02
s	GB/T 41—2016	—	—	8	10	13	16	18	24	30	36	46	55	65
	GB/T 6170—2015	5.5	7	8	10	13	16	18	24	30	36	46	55	65
m	GB/T 41—2016	—	—	5.6	6.1	7.9	9.5	12.2	15.9	18.7	22.3	26.4	31.5	34.9
	GB/T 6170—2015	2.4	3.2	4.7	5.2	6.8	8.4	10.8	14.8	18	21.5	25.6	31	34

注：A 级用于 $D \leqslant 16$；B 级用于 $D > 16$。产品等级 A、B 由公差取值决定，A 级公差数值小。材料为钢的螺母：GB/T 6170 的性能等级有 6、8、10 级，8 级为常用；GB/T 41 的性能等级为 4 和 5 级。螺纹端内无内倒角，但也允许内倒角。GB/T 41—2016 规定螺母的螺纹规格为 M5～M64；GB/T 6170—2015 规定螺母的螺纹规格为 M1.6～M64。

（五）垫圈

小垫圈　A 级（GB/T 848—2002）　　　　平垫圈　倒角型　A 级（GB/T 97.2—2002）

平垫圈　A 级（GB/T 97.1—2002）

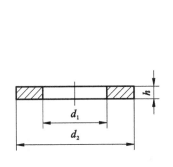

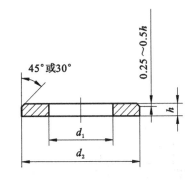

标 记 示 例

标准系列、公称规格 8 mm，由钢制造的硬度等级为 200HV 级，不经表面处理、产品等级为 A 级的平垫圈：

　　　　垫圈　GB/T 97.1　8

相关参数见附表 13。

附表 13　　　　　　　　　　　　　　　　　　　　　　　　　　　　（mm）

公称规格（螺纹大径）d		1.6	2	2.5	3	4	5	6	8	10	12	16	20	24	30	36
d_1	GB/T 848—2002	1.7	2.2	2.7	3.2	4.3	5.3	6.4	8.4	10.5	13	17	21	25	31	37
	GB/T 97.1—2002	1.7	2.2	2.7	3.2	4.3	5.3	6.4	8.4	10.5	13	17	21	25	31	37
	GB/T 97.2—2002	—	—	—	—	—	5.3	6.4	8.4	10.5	13	17	21	25	31	37
d_2	GB/T 848—2002	3.5	4.5	5	6	8	9	11	15	18	20	28	34	39	50	60
	GB/T 97.1—2002	4	5	6	7	9	10	12	16	20	24	30	37	44	56	66
	GB/T 97.2—2002	—	—	—	—	—	10	12	16	20	24	30	37	44	56	66
h	GB/T 848—2002	0.3	0.3	0.5	0.5	0.5	1	1.6	1.6	1.6	2	2.5	3	4	4	5
	GB/T 97.1—2002	0.3	0.3	0.5	0.5	0.8	1	1.6	1.6	2	2.5	3	3	4	4	5
	GB/T 97.2—2002	—	—	—	—	—	1	1.6	1.6	2	2.5	3	3	4	4	5

注：① 硬度等级有 200HV、300HV 级，材料有钢和不锈钢两种；GB/T 97.1 和 GB/T 97.2 规定，200HV 适用于不超过8.8
　　级的 A 级和 B 级的或不锈钢的六角头螺栓、六角螺母和螺钉等，300HV 适用于 10 级的 A 级和 B 级的六角头螺栓、
　　螺钉和螺母；GB/T 848 规定，200HV 适用于 8.8 级或不锈钢制造的圆柱头螺钉、内六角头螺钉等，300HV 适用于
　　不超过 10.9 级的内六角圆柱头螺钉等；
　　② d 的范围：GB/T 848 为 1.6～36 mm，GB/T 97.1 为 1.6～64 mm，GB/T 97.2 为 5～64 mm；
　　③ 表中所列的 d≤36 mm 的优选尺寸，d>36 mm 的优选尺寸和非优选尺寸，可查阅这三个标准。

标准型弹簧垫圈（GB/T 93—1987）

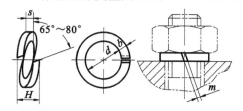

标记示例

规格 16 mm，材料为 65Mn，表面氧化的标准型弹簧垫圈：

　　垫圈　GB/T 93　16

相关参数见附表 14。

附表 14　　　　　　　　　　　　　　　　　　　　　　　　　　　　（mm）

公称规格（螺纹大径）	3	4	5	6	8	10	12	(14)	16	(18)	20	(22)	24	(27)	30
d　min	3.1	4.1	5.1	6.1	8.1	10.2	12.2	14.2	16.2	18.2	20.2	22.5	24.5	27.5	30.5
H　min	1.6	2.2	2.6	3.2	4.2	5.2	6.2	7.2	8.2	9	10	11	12	13.6	15
$s(b)$　公称	0.8	1.1	1.3	1.6	2.1	2.6	3.1	3.6	4.1	4.5	5	5.5	6	6.8	7.5
m≤	0.4	0.55	0.65	0.8	1.05	1.3	1.55	1.8	2.05	2.25	2.5	2.75	3	3.4	3.75

注：括号内的规格尽可能不采用；m 应大于零。

（六）键

平键和键槽的剖面尺寸（GB/T 1095—2003）

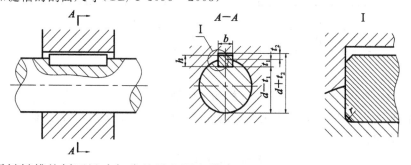

普通平键键槽的剖面尺寸与公差见上图和附表 15。

附表 15　　　　　　　　　　　　　　　　　　　　　　　　　（mm）

轴尺寸 d	键尺寸 $b \times h$	键槽 宽度 公称尺寸	轴 N9	毂 JS9	轴和毂 P9	轴 H9	毂 D10	深度 轴 t_1 公称尺寸	轴 t_1 极限偏差	毂 t_2 公称尺寸	毂 t_2 极限偏差	半径 r min	max
自 6~8	2×2	2	−0.004 −0.029	±0.0125	−0.006 −0.031	+0.025 0	+0.060 +0.020	1.2		1.0			
>8~10	3×3	3						1.8	+0.1 0	1.4	+0.1 0		
>10~12	4×4	4	0 −0.030	±0.015	−0.012 −0.042	+0.030 0	+0.078 +0.030	2.5		1.8		0.08	0.16
>12~17	5×5	5						3.0		2.3			
>17~22	6×6	6						3.5		2.8			
>22~30	8×7	8	0 −0.036	±0.018	−0.015 −0.051	+0.036 0	+0.098 +0.040	4.0		3.3		0.16	0.25
>30~38	10×8	10						5.0		3.3			
>38~44	12×8	12	0 −0.043	±0.0215	−0.018 −0.061	+0.0430 0	+0.012 +0.050	5.0	+0.2 0	3.3	+0.2 0		
>44~50	14×9	14						5.5		3.8		0.25	0.40
>50~58	16×10	16						6.0		4.3			
>58~65	18×11	18						7.0		4.4			
>65~77	20×12	20	0 −0.052	±0.026	−0.022 −0.074	+0.052 0	+0.149 +0.065	7.5		4.9			
>75~85	22×14	22						9.0		5.4			
>85~95	25×14	25						9.0		5.4		0.40	0.60
>95~110	28×16	28						10.0		6.4			
>110~130	32×18	32	0 −0.062	±0.031	−0.026 −0.088	+0.062 0	+0.180 +0.080	11.0		7.4			
>130~150	36×20	36						12.0		8.4			
>150~170	40×22	40						13.0	+0.3 0	9.4	+0.3 0	0.70	1.00
>170~200	45×25	45						15.0		10.4			
>200~230	50×28	50						17.0		11.4			
>230~260	56×32	56	0 −0.074	±0.037	−0.032 −0.106	+0.074 0	+0.220 +0.100	20.0		12.4			
>260~300	63×32	63						20.0		12.4		1.20	1.60
>300~340	70×36	70						22.0		14.4			
>340~390	80×40	80						25.0		15.4			
>390~430	90×45	90	0 −0.087	±0.0435	−0.037 −0.124	+0.087 0	+0.260 +0.120	28.0		17.4		2.00	2.50
430~470	100×50	100						31.0		19.4			

注：① 在零件图中，轴槽深用 $d-t_1$ 标注，$d-t_1$ 的极限偏差值应取负号，轮毂槽深用 $d+t_2$ 标注；
②　普通型平键应符合 GB/T 1096 规定；
③　平键轴槽的长度公差用 H14；
④　轴槽、轮毂槽的键槽宽度 b 两侧的表面粗糙度参数 Ra 值推荐位 1.6~3.2 μm；轴槽地面、轮毂槽底面的表面粗糙度参数 Ra 值为 6.3 μm；
⑤　这里未述及的有关键槽的其他技术条件，需用时可查阅该标准。

普通型平键(GB/T 1096—2003)

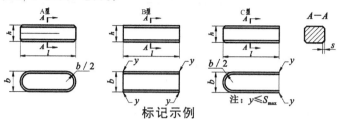

标记示例

$b=16$ mm、$h=10$ mm、$l=100$ mm 的普通 A 型平键:GB/T 1096 键 $16\times10\times100$

$b=16$ mm、$h=10$ mm、$l=100$ mm 的普通 B 型平键:GB/T 1096 键 B$16\times10\times100$

$b=16$ mm、$h=10$ mm、$l=100$ mm 的普通 C 型平键:GB/T 1096 键 C$16\times10\times100$

普通平键的尺寸与公差见上图和附表 16。

附表 16

(mm)

宽度 b	公称尺寸		2	3	4	5	6	8	10	12	14	16	18	20	22
	极限偏差(h8)		0 −0.014		0 −0.018			0 −0.022		0 −0.027			0 −0.033		
高度 h	公称尺寸		2	3	4	5	6	7	8		8	9	11	12	14
	极限偏差	矩形 (h11)	—		—			0 −0.090			0 −0.110				
		方形 (h8)	0 −0.014		0 −0.018			—							
倒角或倒圆 s			0.16～0.25			0.25～0.40			0.40～0.60				0.60～0.80		

长度 l 公称尺寸	极限偏差(h14)													
6	0 −0.36			—										
8						—								
10							—							
12	0 −0.43							—						
14									—					
16									—					
18										—				
20										—				
22	0 −0.52	—		标准							—			
25		—									—			
28		—									—			
32		—									—			
36	0 −0.62	—										—		
40		—										—		
45		—					长度						—	
50		—											—	
56		—											—	
63	0 −0.74	—											—	
70		—												—
80		—			—									
90	0 −0.87	—				—					范围			
100		—					—							
110		—					—							
125		—					—							
140	0 −1.00	—						—						
160		—							—					
180		—								—				
200	0 −1.15	—									—			
220		—										—		
250		—											—	

注:① 标准中规定了宽度 $b=2\sim100$ mm 的普通 A 型、B 型、C 型的平键,本表未列入 $b=25\sim100$ mm 的普通型平键,需用
　　　时可查阅该标准;

② 普通型平键的技术条件应符合 GB/T 1568 的规定,需用时可查阅该标准,材料常用 45 钢;

③ 键槽的尺寸应符合 GB/T 1095 的规定。

（七）销

圆柱销—不淬硬钢和奥氏体不锈钢（GB/T 119.1—2000，参见附表 17）

圆柱销—淬硬钢和马氏体不锈钢（GB/T 119.2—2000，参见附表 17）

末端形状，由制造者确定，允许倒圆或凹穴

标记示例

公称直径 $d＝6$ mm、公差为 m6、公称长度 $l＝30$ mm 、材料为钢，不经淬火，不经表面处理的圆柱销：

销　GB/T 119.1　6m6×30

公称直径 $d＝6$ mm、公差为 m6、公称长度 $l＝30$ mm、材料为钢、普通淬火（A 型）、表面氧化处理的圆柱销：

销　GB/T 119.2　6×30

附表 17　　　　　　　　　　　　　　　（mm）

公称直径 d		3	4	5	6	8	10	12	16	20	25	30	40	50
$C＝$		0.50	0.50	0.80	1.2	1.6	2.0	2.5	3.0	3.5	4.0	5.0	6.3	8.0
公称长度 l	GB/T 119.1	8～30	8～40	10～50	12～60	14～80	18～95	22～140	26～180	35～200	50～200	60～200	80～200	95～200
	GB/T 119.2	8～30	10～40	12～50	14～60	18～80	22～100	26～100	40～100	50～100	—	—	—	—
l 系列		8,10,12,14,16,18,20,22,24,26,28,30,32,35,40,45,50,55,60,65,70,75,80,85, 90,95,100,120,140,160,180,200…													

注：① GB/T 119.2—2000 规定圆柱销的公称直径 $d＝0.6～50$ mm，公称长度 $l＝2～200$ mm，公差有 m6 和 h8；

　　② GB/T 119.2—2000 规定圆柱销的公称直径 $d＝1～20$ mm，公称长度 $l＝3～100$ mm，公差仅有 m6；

　　③ 圆柱销常用 35 钢，当圆柱销公差为 h8 时，表面粗糙度参数 $Ra≤1.6$ μm；为 m6 时，$Ra≤0.8$ μm。

圆锥销（GB/T 117—2000，参见附表 18）

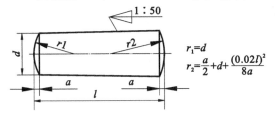

$1:50$

$r_1＝d$

$r_2＝\dfrac{a}{2}+d+\dfrac{(0.02l)^2}{8a}$

标记示例

公称直径 $d＝10$ mm、公称长度 $l＝60$ mm、材料为 35 钢、热处理硬度（28～38）HRC、表面氧化处理的 A 圆柱销：

销　GB/T 117　10×60

附表 18　　　　　　　　　　　　　　　（mm）

公称直径 d	4	5	6	8	10	12	16	20	25	30	40	50
$a≈$	0.5	0.63	0.8	1	1.2	1.6	2	2.5	3	4	5	6.3
公称长度 l	14～55	18～60	22～90	22～120	26～160	32～180	40～200	45～200	50～200	55～200	60～200	65～200
l 系列	2,3,4,5,6,8,10,12,14,16,18,20,22,24,26,28,30,32,35,40,45,50,55,60,65,70,75, 80,85,90,95,100,120,140,160,180,200…											

注：① 标准规定圆锥销的公称直径 $d＝0.6～50$ mm；

　　② 有 A 型和 B 型：A 型为磨削，锥面表面粗糙度参数 $Ra＝0.8$ μm；B 型为切削或冷镦，锥面表面粗糙度参数 $Ra＝3.2$ μm；A 型和 B 型圆锥销端面的表面粗糙度参数 $Ra＝6.3$ μm。

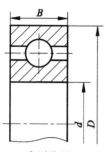

类型代号 6

（八）滚动轴承

深沟球轴承（GB/T 276—2013，参见附表 19）

标记示例

内圈孔径 $d=60$ mm、尺寸系列代号为(0)2 的深沟球轴承：

滚动轴承　6212　GB/T 276—2013

附表 19　　　　　　　　　　　　　　　　　　　（mm）

轴承代号	尺　寸			轴承代号	尺　寸		
	d	D	B		d	D	B
尺寸系列代号(1)0				尺寸系列代号(0)3			
606	6	17	6				
607	7	19	6	633	3	13	5
608	8	22	7	634	4	16	5
609	9	24	7	635	5	19	6
6000	10	26	8	6300	10	35	11
6001	12	28	8	6301	12	37	12
6002	15	32	9	6302	15	42	13
6003	17	35	10	6303	17	47	14
6004	20	42	12	6304	20	52	15
60/22	22	44	12	63/22	22	56	16
6005	25	47	12	6305	25	62	17
60/28	28	52	12	63/28	28	68	18
6006	30	55	13	6306	30	72	19
60/32	32	58	13	63/32	32	75	20
6007	35	62	14	6307	35	80	21
6008	40	68	15	6308	40	90	23
6009	45	75	16	6309	45	100	25
6010	50	80	16	6310	50	110	27
6011	55	90	18	6311	55	120	29
6012	60	95	18	6312	60	130	31
尺寸系列代号(0)2				尺寸系列代号(0)4			
623	3	10	4				
624	4	13	5				
625	5	16	5	6403	17	62	17
626	6	19	6	6404	20	72	19
627	7	22	7	6405	25	80	21
628	8	24	8	6406	30	90	23
629	9	26	8	6407	35	100	25
6200	10	30	9	6408	40	110	27
6201	12	32	10	6409	45	120	29
6202	15	35	11	6410	50	130	31
6203	17	40	12	6411	55	140	33
6204	20	47	14	6412	60	150	35
62/22	22	50	14	6413	65	160	37
6205	25	52	15	6414	70	180	42
62/28	28	58	16	6415	75	190	45
6206	30	62	16	6416	80	200	48
62/32	32	65	17	6417	85	210	52
6207	35	72	17	6418	90	225	54
6208	40	80	18	6419	95	240	55
6209	45	85	19	6420	100	250	58
6210	50	90	20	6422	110	280	65
6211	55	100	21				
6212	60	110	22				

圆锥滚子轴承(GB/T 297—2015,参见附表20)

标记示例

内圈孔径 $d＝35$ mm、尺寸系列代号为 03 的圆锥滚子轴承:

　　滚动轴承　30307　GB/T 297—2015

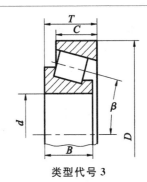

类型代号 3

附表 20　　　　　　　　　　　　　　(mm)

轴承型号	尺寸					轴承型号	尺寸				
	d	D	T	B	C		d	D	T	B	C
尺寸系列代号 02						尺寸系列代号 23					
30202	15	35	11.75	11	10	32303	17	47	20.25	19	16
30203	17	40	13.25	12	11	32304	20	52	22.25	21	18
30204	20	47	15.25	14	12	32305	25	62	25.25	24	20
30205	25	52	16.25	15	13	32306	30	72	28.75	27	23
30206	30	62	17.25	16	14	32307	35	80	32.75	31	25
302/32	32	65	18.25	17	15	32308	40	90	35.25	33	27
30207	35	72	18.25	17	15	32309	45	100	38.25	36	30
30208	40	80	19.75	18	16	32310	50	110	42.25	40	33
30209	45	85	20.75	19	16	32311	55	120	45.5	43	35
30210	50	90	21.75	20	17	32312	60	130	48.5	46	37
30211	55	100	22.75	21	18	32313	65	140	51	48	39
30212	60	110	23.75	22	19	32314	70	150	54	51	42
30213	65	120	24.75	23	20	32315	75	160	58	55	45
30214	70	125	26.75	24	21	32316	80	170	61.5	58	48
30215	75	130	27.75	25	22	尺寸系列代号 30					
30216	80	140	28.75	26	22						
30217	85	150	30.5	28	24	33005	25	47	17	17	14
30218	90	160	32.5	30	26	33006	30	55	20	20	16
30219	95	170	34.5	32	27	33007	35	62	21	21	17
30220	100	180	37	34	29	33008	40	68	22	22	18
尺寸系列代号 03						33009	45	75	24	24	19
						33010	50	80	24	24	19
30302	15	42	14.25	13	11	33011	55	90	27	27	21
30303	17	47	15.25	14	12	33012	60	95	27	27	21
30304	20	52	16.25	15	13	33013	65	100	27	27	21
30305	25	62	18.25	17	15	33014	70	110	31	31	25.5
30306	30	72	20.75	19	16	33015	75	115	31	31	25.5
30307	35	80	22.75	21	18	33016	80	125	36	36	29.5
30308	40	90	25.25	23	20	尺寸系列代号 31					
30309	45	100	27.25	25	22						
30310	50	110	29.25	27	23						
30311	55	120	31.5	29	25	33108	40	75	26	26	20.5
30312	60	130	33.5	31	26	33109	45	80	26	26	20.5
30313	65	140	36	33	28	33110	50	85	26	26	20
30314	70	150	38	35	30	33111	55	95	30	30	23
30315	75	160	40	37	31	33112	60	100	30	30	23
30316	80	170	42.5	39	33	33113	65	110	34	34	26.5
30317	85	180	44.5	41	34	33114	70	120	37	37	29
30318	90	190	46.5	43	36	33115	75	125	37	37	29
30319	95	200	49.5	45	38	33116	80	130	37	37	29
30320	100	215	51.5	47	39						

推力球轴承(GB/T 301—2015,参见附表21)

标记示例

内圈孔径 $d=30$ mm、尺寸系列代号为 13 的推力球轴承:

滚动轴承　51306　GB/T 301—2015

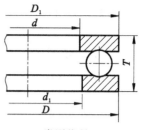

类型代号 5

附表 21　　　　　　　　　　　　　　　　　(mm)

轴承代号	尺　　寸					轴承代号	尺　　寸				
	d	D	T	d_{1max}	D_{1min}		d	D	T	d_{1max}	D_{1min}
尺寸系列代号 11						尺寸系列代号 13					
51104	20	35	10	21	35	51304	20	47	18	22	47
51105	25	42	11	26	42	51305	25	52	18	27	52
51106	30	47	11	32	47	51306	30	60	21	32	60
51107	35	52	12	37	52	51307	35	68	24	37	68
51108	40	60	13	42	60	51308	40	78	26	42	78
51109	45	65	14	47	65	51309	45	85	28	47	85
51110	50	70	14	52	70	51310	50	95	31	52	95
51111	55	78	16	57	78	51311	55	105	35	57	105
51112	60	85	17	62	85	51312	60	110	35	62	110
51113	65	90	18	67	90	51313	65	115	36	67	115
51114	70	95	18	72	95	51314	70	125	40	72	125
51115	75	100	19	77	100	51315	75	135	44	77	135
51116	80	105	19	82	105	51316	80	140	44	82	140
51117	85	110	19	87	110	51317	85	150	49	88	150
51118	90	120	22	92	120	51318	90	155	50	93	155
51120	100	135	25	102	135	51320	100	170	55	103	170
尺寸系列代号 12						尺寸系列代号 14					
51204	20	40	14	22	40	51405	25	60	24	27	60
51205	25	47	15	27	47	51406	30	70	28	32	70
51206	30	52	16	32	52	51407	35	80	32	37	80
51207	35	62	18	37	62	51408	40	90	36	42	90
51208	40	68	19	42	68	51409	45	100	39	47	100
51209	45	73	20	47	73	51410	50	110	43	52	110
51210	50	78	22	52	78	51411	55	120	48	57	120
51211	55	90	25	57	90	51412	60	130	51	62	130
51212	60	95	26	62	95	51413	65	140	56	67	140
51213	65	100	27	67	100	51414	70	150	60	72	150
51214	70	105	27	72	105	51415	75	160	65	77	160
51215	75	110	27	77	110	51416	80	170	68	82	170
51216	80	115	28	82	115	51417	85	180	72	88	177
51217	85	125	31	88	125	51418	90	190	77	93	187
51218	90	135	35	93	135	51420	100	210	85	103	205
51220	100	150	38	103	150	51422	110	230	95	113	225

注:推力球轴承有 51000 型和 52000 型,类型代号都是 5,尺寸系列代号分别为 11、12、13、14 和 21、22、23、24;52000 型推力球轴承的形式、尺寸可查阅 GB/T 301—2015。

（九）弹簧

普通圆柱螺旋压缩弹簧尺寸及参数(两端并紧磨平或制扁)(GB/T 2089—2009)。

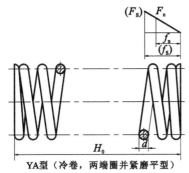

YA型（冷卷，两端圈并紧磨平型）

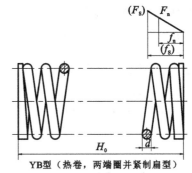

YB型（热卷，两端圈并紧制扁型）

YA 型弹簧，材料直径为 1.2 mm，弹簧中径为 8 mm，自由高度 40 mm，精度等级为 2 级，左旋的两端圈并紧磨平的冷卷压缩弹簧：

YA 1.2×8×40 左 GB/T 2089

YB 型弹簧，材料直径为 20 mm，弹簧中径为 140 mm，自由高度 260 mm，精度等级为 3 级，右旋的两端圈并紧制扁的热卷压缩弹簧：

YB 20×140×260-3 GB/T 2089

附表 22 摘录了 GB/T 2089 所列的少量弹簧的部分主要尺寸及参数的数值。

附表 22

材料直径 d/mm	弹簧中径 D/mm	自由高度 H_0/mm	有效圈数 $n/$圈	最大工作负荷 F_n/N	最大工作变形量 f_n/mm
1.2	8	28	8.5	65	14
		40	12.5		20
	12	40	6.5	43	24
		48	8.5		31
4	28	50	4.5	545	21
		70	6.5		30
	30	55	4.5	509	24
		75	6.5		36
6	38	65	4.5	1 267	24
		90	6.5		35
	45	105	6.5	1 070	49
		140	8.5		63
10	45	140	8.5	4 605	36
		170	10.5		45
	50	190	10.5	4 145	55
		220	12.5		66
20	140	260	4.5	13 278	104
		360	6.5		149
	160	300	4.5	11 618	135
		420	6.5		197
30	160	310	4.5	39 211	90
		420	6.5		131
	200	250	2.5	31 369	78
		520	6.5		204

注：① 支承圈数 $n_2=2$ 圈，F_n 取 $0.8F_s$（F_s 为试验负荷的代号），f_n 取 $0.8f_s$（f_s 为试验负荷下变形量的代号）；

② GB/T 2089 中的这个表格列出了很多个弹簧，对各个弹簧还列出了更多的参数，本表仅摘录了其中的 24 个弹簧和部分参数，不够用时，可查阅该标准；

③ 弹簧的材料：采用冷卷工艺时，选用材料性能不低于 GB/T4357—2009 中 C 级碳素弹簧钢丝；采用热卷工艺时，选用材料性能不低于 GB/T 1222—2016 中 60Si2MnA。

三、常用机械加工一般规范和零件结构要素

(一)标准尺寸(摘自 GB/T 2822—2005,见附表 23)

附表 23　　　　　　　　　　　　　　　　　　　　　　(mm)

R10	2.50、3.15、4.00、5.00、6.30、8.00、10.0、12.5、16.0、20.0、25.0、31.5、40.0、50.0 、63.0、80.0、100、125、160、200、250、315、400、500、630、800、1000
R20	2.80、3.55、4.50、5.60、7.10、9.00 、11.2、14.0 、18.0、22.4、28.0、35.5、45.0、56.0、71.0、90.0、112、140、180、224、280、355、450、560、710、900
R40	13.2、15.0、17.0、19.0、21.2、23.6、26.5、30.0、33.5、37.5、42.5、47.5、53.0、60.0、67.0、75.0、85.0、95.0、106、118、132、150、170、190、212、236、265、300、335、375、425、475、530、600、670、750、850、950

注:① 本表仅摘录 1~1000 mm 范围内优先数系 R 系列中的标准尺寸,选用顺序为 R10、R20、R40;如需选用小于 2.50 mm 或大于 1000 mm 的尺寸时,可查阅该标准;

② 该标准适用于有互换性或系列化要求的主要尺寸,如直径、长度、高度等,其他结构尺寸也尽可能采用;

③ 如果必须将数值圆整,可在相应的 R′ 系列中选用标准尺寸,选用的顺序为 R′10、R′20、R′40,本书未摘录,需要时可查阅该标准。

(二)砂轮越程槽(摘自 GB/T 6403.5—2008,见附表 24)

附表 24　　　　　　　　　　　　　　　　　　　　　　(mm)

b_1	0.6	1.0	1.6	2.0	3.0	4.0	5.0	8.0	10
b_2	2.0		3.0		4.0		5.0	8.0	10
h	0.1		0.2	0.3	0.4		0.6	0.8	1.2
r	0.2		0.5	0.8	1.0		1.6	2.0	3.0
d	~10			>10~50		>50~100		>100	

注:① 越程槽内二直线相交处,不允许产生尖角;

② 越程槽深度 h 与圆弧半径 r 要满足 $r \leqslant 3h$;

③ 磨削具有数个直径的工件时,可使用同一规格的越程槽;

④ 直径 d 值大的零件,允许选择小规格的砂轮越程槽;

⑤ 砂轮越程槽的尺寸公差和表面粗糙度根据该零件的结构、性能确定。

(三)零件倒圆与倒角(摘自 GB/T 6403.4—2008)

倒圆与倒角的形式,倒圆、45°倒角的四种装配形式见附表 25。

附表 25　　　　　　　　　　　　　　　　　　　　　　(mm)

形式		1. R、C 尺寸系列: 0.1、0.2、0.3、0.4、0.5、0.6、0.8、1.0、1.2、1.6、2.0、2.5、3.0、4.0、5.0、6.0、8.0、10、12、16、20、25、32、40、50。 2. α 一般用 45°,也可用 30°或 60°

倒圆、45°倒角的四种装配形式:

$C_1 > R$　　　　$R_1 > R$　　　　$C < 0.58R_1$　　　　$C_1 > C$

1. 倒角为 45°;
2. R_1、C_1 的偏差为正;R、C 的偏差为负;
3. 左起第三种装配方式,C 的最大值 C_{max} 与 R_1 的关系见下表

R_1	0.1	0.2	0.3	0.4	0.5	0.6	0.8	1.0	1.2	1.6	2.0	2.5	3.0	4.0	5.0	6.0	8.0	10	12	16	20	25
C_{max}	—	0.1	0.1	0.2	0.2	0.3	0.4	0.5	0.6	0.8	1.0	1.2	1.6	2.0	2.5	3.0	4.0	5.0	6.0	8.0	10	12

注:按上述关系装配时,内角与外角取值要适当,外角的倒圆或倒角过大会影响零件工作面;内角的倒圆或倒角过小会产生应力集中。

与零件的直径 ϕ 相应的倒角 C、倒圆 R 的推荐值见附表 26。

附表 26 （mm）

ϕ	～3	>3～6	>6～10	>10～18	>18～30	>30～50	>50～80	>80～120	>120～180
C 或 R	0.2	0.4	0.6	0.8	1.0	1.6	2.0	2.5	3.0
ϕ	>180 ～250	>250 ～300	>320 ～400	>400 ～500	>500 ～630	>630 ～800	>800 ～1000	>1000 ～1250	>1250 ～1600
C 或 R	4.0	5.0	6.0	8.0	10	12	16	20	25

注:倒角一般用 45°,也允许用 30°、60°。

（四）普通螺纹倒角和退刀槽、螺纹紧固件的螺纹倒角（摘自 GB/T 3—1997、GB/T 2—2016,见附表 27）

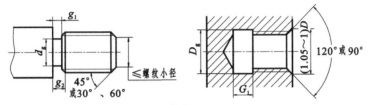

附表 27 （mm）

螺距	外螺纹			内螺纹		螺距	外螺纹			内螺纹	
	g_{2max}	g_{1max}	d_g	G_1	D_g		g_{2max}	g_{1max}	d_g	G_1	D_g
0.5	1.5	0.8	$d-0.8$	2		1.75	5.25	3	$d-2.6$	7	
0.7	2.1	1.1	$d-1.1$	2.8	$D+0.3$	2	6	3.4	$d-3$	8	
0.8	2.4	1.3	$d-1.3$	3.2		2.5	7.5	4.4	$d-3.6$	10	$D+0.5$
1	3	1.6	$d-1.6$	4		3	9	5.2	$d-4.4$	12	
1.25	3.75	2	$d-2$	5	$D+0.5$	3.5	10.5	6.2	$d-5$	14	
1.5	4.5	2.5	$d-2.3$	6		4	12	7	$d-5.7$	16	

（五）紧固件通孔（摘自 GB/T 5277—1985）及沉头座尺寸（摘自 GB/T 152.2—2014、GB/T 152.3—1988、GB/T 152.4—1988,见附表 28）

附表 28 （mm）

螺纹规格 d			3	4	5	6	8	10	12	14	16	18	20	22	24	27	30	36
通孔直径 GB/T 5277—1985		精装配	3.2	4.3	5.3	6.4	8.4	10.5	13	15	17	19	21	23	25	28	31	37
		中等装配	3.4	4.5	5.5	6.6	9	11	13.5	15.5	17.5	20	22	24	26	30	33	39
		粗装配	3.6	4.8	5.8	7	10	12	14.5	16.5	18.5	21	24	26	28	32	35	42
六角头螺栓和六角螺母用沉孔		d_2	9	10	11	13	18	22	26	30	33	36	40	43	48	53	61	71
		d_3	—	—	—	—	—	—	16	18	20	22	24	26	28	33	36	42
	GB/T 152.4—1988	d_1	3.4	4.5	5.5	6.6	9.0	11.0	13.5	15.5	17.5	20.0	22.0	24	26	30	33	39

续表

螺纹规格 d			3	4	5	6	8	10	12	14	16	18	20	22	24	27	30	36
沉头用沉孔 GB/T 152.2—2014		d_2	6.4	9.6	10.6	12.8	17.6	20.3	24.4	28.4	32.4	—	40.4	—	—	—	—	—
		$t\approx$	1.6	2.7	2.7	3.3	4.6	5.0	6.0	7.0	8.0	—	10.0	—	—	—	—	—
		d_1	3.4	4.5	5.5	6.6	9	11	13.5	15.5	17.5	—	22					
		α							$90°^{-2°}_{-4°}$									
圆柱用螺栓用于内六角的沉孔 柱头用螺栓用于开槽的圆沉孔 GB/T 152.3—1988		d_2	6.0	8.0	10.0	11.0	15.0	18.0	20.0	24.0	26.0	—	33.0	—	40.0	—	48.0	57.0
		t	3.4	4.6	5.7	6.8	9.0	11.0	13.0	15.0	17.5	—	21.5	—	25.5	—	32.0	38.0
		d_3	—	—	—	—	16	18	20		24		28		36	42
		d_1	3.4	4.5	5.5	6.6	9.0	11.0	13.5	15.5	17.5	—	22.0	—	26	—	33.0	39.0
		d_2	—	8	10	11	15	18	20	24	26	—	33	—	—	—	—	—
		t	—	3.2	4.0	4.7	6.0	7.0	8.0	9.0	10.5	—	12.5	—	—	—	—	—
		d_3					16	18	20		24							
		d_1	—	4.5	5.5	6.6	9.0	11.0	13.5	15.5	17.5	—	22.0	—	—	—	—	—

注:对于螺栓和螺母用沉孔的尺寸 t,只要能制出与通孔轴线垂直的圆平面即可,即刮平圆平面为止,常称锪平。表中的尺寸 d_1、d_2、t 的公差带都是 H13。

四、极限与配合

（一）优先配合中轴的上、下极限偏差数值（从 GB/T 1800.1—2009 和 GB/T 1800.2—2009 摘录后整理列表,见附表 29）

附表 29　　　　　　　　　　　　　　　　　　　　　　　　　　　　　　　　　（μm）

公称尺寸 /mm		公 差 带												
大于	至	c	d	f	g			h		k	n	p	s	u
		11	9	7	6	6	7	9	11	6	6	6	6	6
—	3	−60 −120	−20 −45	−6 −16	−2 −8	0 −6	0 −10	0 −25	0 −60	+6 0	+10 +4	+12 +6	+20 +14	+24 +18
3	6	−70 −145	−30 −60	−10 −22	−4 −12	0 −8	0 −12	0 −30	0 −75	+9 +1	+16 +8	+20 +12	+27 +19	+31 +23
6	10	−80 −170	−40 −76	−13 −28	−5 −14	0 −9	0 −15	0 −36	0 −90	+10 +1	+19 +10	+24 +15	+32 +23	+37 +28
10	14	−95 −205	−50 −93	−16 −34	−6 −17	0 −11	0 −18	0 −43	0 −110	+12 +1	+23 +12	+29 +18	+39 +28	+44 +33
14	18													
18	24	−110 −240	−65 −117	−20 −41	−7 −20	0 −13	0 −21	0 −52	0 −130	+15 +2	+28 +15	+35 +22	+48 +35	+54 +41
24	30													+61 +48
30	40	−120 −280	−80 −142	−25 −50	−9 −25	0 −16	0 −25	0 −62	0 −160	+18 +2	+33 +17	+42 +26	+59 +43	+76 +60
40	50	−130 −290												+86 +70
50	65	−140 −330	−100 −174	−30 −60	−10 −29	0 −19	0 −30	0 −74	0 −190	+21 +2	+39 +20	+51 +32	+72 +53	+106 +87
65	80	−150 −340											+78 +59	+121 +102

续表

公称尺寸/mm		公差带												
		c	d	f	g	h				k	n	p	s	u
大于	至	11	9	7	6	6	7	9	11	6	6	6	6	6
80	100	−170 −390	−120 −207	−36 −71	−12 −34	0 −22	0 −35	0 −87	0 −220	+25 +3	+45 +23	+59 +37	+93 +71	+146 +124
100	120	−180 −400											+101 +79	+166 +144
120	140	−200 −450	−145 −245	−43 −83	−14 −39	0 −25	0 −40	0 −100	0 −250	+28 +3	+52 +27	+68 +43	+117 +92	+195 +175
140	160	−210 −460											+125 +100	+215 +190
160	180	−230 −480											+133 +108	+235 +210
180	200	−240 −530	−170 −285	−50 −96	−15 −44	0 −29	0 −46	0 −115	0 −290	+33 +4	+60 +31	+79 +50	+151 +122	+265 +236
200	225	−260 −550											+159 +130	+287 +258
225	250	−280 −570											+169 +140	+313 +284
250	280	−300 −620	−190 −320	−56 −108	−17 −49	0 −32	0 −52	0 −130	0 −320	+36 +4	+66 +34	+88 +56	+190 +158	+347 +315
280	315	−330 −650											+202 +170	+382 +350
315	355	−360 −720	−210 −350	−62 −119	−18 −54	0 −36	0 −57	0 −140	0 −360	+40 +4	+73 +37	+98 +62	+226 +190	+426 +390
355	400	−400 −760											+244 +208	+471 +435
400	450	−440 −840	−230 −385	−68 −131	−20 −60	0 −40	0 −63	0 −155	0 −400	+45 +5	+80 +40	+108 +68	+272 +232	+530 +490
450	500	−480 −880	−385	−131	−60	−40	−63	−155	−400	+5	+40	+68	+292 +252	+580 +540

（二）优先配合中孔的上、下极限偏差数值（从 GB/T 1800.1—2009 和 GB/T 1800.2—2009 摘录后整理列表，见附表30）

附表 30　　　　　　　　　　　　　　　　　　　　　　　　　（μm）

公称尺寸/mm		公差带												
		C	D	F	G	H				K	N	P	S	U
大于	至	11	9	8	7	7	8	9	11	7	7	7	7	7
—	3	+120 +60	+45 +20	+20 +6	+12 +2	+10 0	+14 0	+25 0	+60 0	0 −10	−4 −14	−6 −16	−14 −24	−18 −28
3	6	+145 +70	+60 +30	+28 +10	+16 +4	+12 0	+18 0	+30 0	+75 0	+3 −9	−4 −16	−8 −20	−15 −27	−19 −31
6	10	+170 +80	+76 +40	+35 +13	+20 +5	+15 0	+22 0	+36 0	+90 0	+5 −10	−4 −19	−9 −24	−17 −32	−22 −37

公称尺寸/mm		公 差 带												
		C	D	F	G	H				K	N	P	S	U
大于	至	11	9	8	7	7	8	9	11	7	7	7	7	7
10	14	+205 +95	+93 +50	+43 +16	+24 +6	+18 0	+27 0	+43 0	+110 0	+6 -12	-5 -23	-11 -29	-21 -39	-26 -44
14	18													
18	24	+240 +110	+117 +65	+53 +20	+28 +7	+21 0	+33 0	+52 0	+130 0	+6 -15	-7 -28	-14 -35	-27 -48	-33 -54
24	30													-40 -61
30	40	+280 +120	+142 +80	+64 +25	+34 +9	+25 0	+39 0	+62 0	+160 0	+7 -18	-8 -33	-17 -42	-34 -59	-51 -76
40	50	+290 +130												-61 -86
50	65	+330 +140	+174 +100	+76 +30	+40 +10	+30 0	+46 0	+74 0	+190 0	+9 -21	-9 -39	-21 -51	-42 -72	-76 -106
65	80	+340 +150											-48 -78	-91 -121
80	100	+390 +170	+207 +120	+90 +36	+47 +12	+35 0	+54 0	+87 0	+220 0	+10 -25	-10 -45	-24 -59	-58 -93	-111 -146
100	120	+400 +180											-66 -101	-131 -166
120	140	+450 +200	+245 +145	+106 +43	+54 +14	+40 0	+63 0	+100 0	+250 0	+12 -28	-12 -52	-28 -68	-77 -117	-155 -195
140	160	+460 +210											-85 -125	-175 -215
160	180	+480 +230											-93 -133	-195 -235
180	200	+530 +240	+285 +170	+122 +50	+61 +15	+46 0	+72 0	+115 0	+290 0	+13 -33	-14 -60	-33 -79	-105 -151	-229 -265
200	225	+550 +260											-113 -159	-241 -287
225	250	+570 +280											-123 -169	-267 -313
250	280	+620 +300	+320 +190	+137 +56	+69 +17	+52 0	+81 0	+130 0	+320 0	+16 -36	-14 -66	-36 -88	-138 -190	-295 -347
280	315	+650 +330											-150 -202	-330 -382
315	155	+720 +360	+350 +210	+151 +62	+75 +18	+57 0	+89 0	+140 0	+360 0	+17 -40	-16 -73	-41 -98	-169 -226	-369 -426
355	400	+760 +400											-187 -244	-414 -471
400	450	+840 +440	+385 +230	+165 +68	+83 +20	+63 0	+97 0	+155 0	+400 0	+18 -45	-17 -80	-45 -108	-209 -272	-467 -530
450	500	+880 +480											-229 -292	-517 -580

参 考 文 献

[1] 曹静,陈金炆. 汽车机械识图[M]. 北京:机械工业出版社,2010.
[2] 孙晓娟,王慧敏. 机械制图[M]. 北京:北京大学出版社,2012.
[3] 陈彩萍. 工程制图[M]. 北京:高等教育出版社,2009.
[4] 何铭新,钱可强,徐祖茂. 机械制图[M]. 北京:高等教育出版社,2016.
[5] 西安交通大学工程画教研室. 画法几何及工程制图[M]. 北京:高等教育出版社,2009.
[6] 大连理工大学工程画教研室. 机械制图[M]. 北京:高等教育出版社,2013.
[7] 王丹红,宋洪侠,陈霞. 现代工程制图[M]. 北京:高等教育出版社,2017.
[8] 中华人民共和国国家质量监督检验检疫总局. 机械制图[S]. 北京:中国标准出版社,2012.
[9] 中国技术产品文件标准化技术委员会,中国质检出版社第三编辑室. 技术产品文件标准汇编:技术制图卷[S]. 北京:中国标准出版社,2011.
[10] 吴卓. 机械制图[M]. 北京:北京理工大学出版社,2005.
[11] 冯秋官. 机械制图[M]. 北京:机械工业出版社,2005.
[12] 李爱华,杨启美. 工程制图基础[M]. 北京:高等教育出版社,2003.
[13] 刘鸿文. 材料力学[M]. 北京:高等教育出版社,2002.
[14] 陈作模. 机械原理[M]. 北京:高等教育出版社,2001.
[15] 中国机械设计大典编委会. 中国机械设计大典[M]. 南昌:江西科技出版社,2002.
[16] 唐克中,朱同钧. 画法几何及工程制图[M]. 北京:高等教育出版社,2009.
[17] 李澄. 机械制图[M]. 北京:高等教育出版社,2004.
[18] 胡国军. 工程制图[M]. 杭州:浙江大学出版社,2013.
[19] 黄丽,朱建霞,郑芳. 工程制图[M]. 3版. 北京:科学出版社,2011.
[20] 赵彩虹,苏铭. 工程制图[M]. 上海:上海交通大学出版社,2016.
[21] 钱自强,林大钧,蔡祥兴. 大学工程制图[M]. 上海:华东理工大学出版社,2005.
[22] 彭冬梅. 设计制图[M]. 长沙:湖南大学出版社,2013.